球磨川流域
豪雨災害と
ダム問題

―川と共に生きる住民の願いを実現させるために―

清流球磨川・川辺川を
未来に手渡す流域郡市民の会編

すいれん舎

■まえがき

　球磨川流域豪雨災害は2020年7月4日に発生した。人吉市の市街地への氾濫は朝早く，球磨川へ流れ込む万江川や山田川から始まった。万江川も山田川もそれぞれの流域に降った猛烈な豪雨で急激に増水し，非常に激しい氾濫水を市街地へ送り込んだ。人吉市より下流に位置する球磨村の渡地区や神瀬地区でも同様なことが起きた。球磨村の下流域に位置する八代市坂本町の大門地区や坂本地区でも亡くなられた。

　ところが，翌日の昼の全国版のテレビ番組でどこにどのような雨が降り，どこでどのような洪水が発生し，どこでどのように氾濫したかの分析もしないまま，川辺川ダムがあれば被害が防げたという大宣伝が始まった。災害を待ち続けていたかのごとく，ダムがあればの大宣伝が行われ続けていた。これに加え，熊本県は緑の流域治水・流水型ダムで命と清流を守るという大きなチラシを各家庭に配布した。こんな対応で温暖化に伴う豪雨災害の実態を正しく把握することができるのだろうか。雨の降り方も洪水の発生の仕方も災害の発生の仕方も大きく変わってしまったのにダムさえあれば災害は防ぐことができると主張する無責任さをひしひしと感じた。

　こうした状況のもと，「清流球磨川・川辺川を未来に手渡す流域郡市民の会」（手渡す会）はかつて川辺川ダムをめぐって住民同士が激しく対立した苦い経験を思い起こし，いまやるべきことは何かを考えた。結論は温暖化に伴う豪雨災害に直面したのは初めてのことであり，どんなことがどのように起きたのかその実態をきめ細かく記述することに取り組むことにした。そしてこの実態をふまえて球磨川流域豪雨災害の事実を解明していくという課題を設定した。

　手渡す会の多くのメンバーも甚大な被害に遭遇しており，復旧に取り組みながらも多くの時間をつぎ込んで聞き込み調査や現場検証を行った。いつの間にか4年が経過したが，事実を解明する議論は今も続いている。

　聞き込み調査や現場検証には多くの方に参加していただいており，中間報

告会も考えていたが新型コロナウイルス流行下では思うように開催すること
もできず，出版という形で報告することにした。

　いざ，出版となるとどのようなテーマを設定し，それぞれのテーマについ
て誰が書くかということになるが，テーマの設定と執筆者は例会の話し合い
ですんなり決めることができた。

　しかし，厄介な問題が浮上した。それぞれのテーマのなかに同じ事象が幾
重にも登場してくる問題だ。そもそも豪雨災害そのものが複雑な現象であ
り，それを避けることはできない。それぞれのテーマで何を書くかは執筆を
担当した筆者にすべて任せることにした。このため，同じ事象が繰り返し登
場することになるがそれぞれ個人の思いも込められているのでこの点につい
ては細かく調整しないことにした。それぞれの筆者がどんな思いで住民運動
に参加しているか，それぞれの個性を含め読み取っていただければ幸いであ
る。

黒田　弘行

■目　次

まえがき　i

序章 ────────────────────────────── 森　明香　1

I　2020年豪雨により球磨川流域にどんな災害が発生したのか

1　被災者が見た球磨川豪雨災害─あの日の記憶 ──── 市花　由紀子　9

2　水害常襲地帯に暮らしていて初めて出会った災害 ──── 木本　雅己　21

II　なぜ，激甚な災害に遭った住民がダム問題に取り組むのか

1　球磨川に暮らす流域住民 "川で育ち・川で子育て" ──── 木本　千景　35

2　球磨川と共に暮らす流域住民 ──────────── 生駒　泰成　41

再録　冊子「7・4球磨川豪雨　被災者の声」 ──────────── 47
　　　掲載にあたって ──────────────── 川邊　敬子　47

III　川辺川ダムと流域住民の取り組みの歴史 ──── 森　明香　57

IV　豪雨災害と向き合う─川のどこで何が起きたかを記録する

1　川を無視するダム建設─「奇跡の二つの吊り橋」 ──── 岐部　明廣　91
　　◆Column　基本高水とは　99

2　第四橋梁問題 ──────────────── 森　明香　101
　　◆Column　基本高水治水問題　119

3　人吉大橋・危機管理型水位計は "大洪水" を適切に計測していたのか
　────────────────────── 森　明香　121

V　既存の治水対策は気候変動下で有効なのか

1　「基本高水治水」は川を破壊し，災害の甚大化を引き起こす
　──────────────────────── 市花　保　137

2　なぜ，ダムは逃げ遅れゼロを全住民に強要するのか
　──────────────────────── 黒田　弘行　151

VI　安全・安心を掲げる治水策がなぜ住民の土地と暮らしを奪うのか

1　ダム建設計画が復興を疎外し続けている ──── 木本　雅己　171

2　ダムに翻弄される五木村─苦悩いつまで ──── 寺嶋　悠　184

3　2020年球磨川流域豪雨災害と人吉市大柿地区の集団移転問題
　──────────────────────── 黒田　弘行　192

iii

VII ダムでさらに大きな災害を呼び込む危険な球磨川水系河川整備計画

1 流水型川辺川ダムでは清流も守れない ············· 緒方 紀郎 203

2 2020年豪雨災害を無視するダム建設 ············· 岐部 明廣 213

　◆Column 誰でもできる最大流量計算 221

3 球磨川水系は山地を流れる川—山が川を育み，流域の災害を防ぐ

　　　　　　　　　　　　　　　　　　　　　············· 黒田 弘行 222

　◆Column なぜ，流域治水が登場したのか 234
　◆Column 茂田川水源地のメガソーラー建設問題 236

終章 手渡す会の30年—これまで携わられた方々を通して

　　　　　　　　　　　　　　　　　　　　　　············· 緒方 俊一郎 241

　あとがきにかえて—住民運動を通してみえてきた川辺ダム問題の本質 252

　球磨川宣言 263

序章

森　明香

川辺川ダム建設計画と「手渡す会」

「清流球磨川・川辺川を未来に手渡す流域郡市民の会」（手渡す会）は，1993年に発足した球磨川流域住民による団体である。もともとは1966年に発表された川辺川ダム建設計画の凍結と抜本的見直しを求め，流域内外の市民団体ともゆるやかにつながりながら，さまざまな活動を展開してきた。

川辺川ダム建設計画は，1963年から3年連続で流域を襲った大水害を受けて，治水ダムとして登場した。球磨川流域には多くの洪水常習地があり，そこに住む手渡す会会員も少なくない。事業者からすればそうした洪水常習地こそ，「ダムの受益地」だ。にもかかわらず流域住民の有志が「手渡す会」を発足させダム建設計画の凍結を求めたのは，この地に長く住み続けてきた生活実感による。

九州山脈の南端に位置する人吉・球磨盆地を形成してきた球磨川水系は，流域の人びとの暮らしと深く結びついていた。面積の8割以上が森林を占め，かつては人吉・球磨地方と八代地方を結ぶ大動脈として川船が行き交い，筏流しも盛んだった。

鎌倉時代より続く相良氏のもと，川沿いに商家が立ち並ぶ城下町として歴史を重ねてきた人吉の中心街では，川沿いの家それぞれが川縁の散歩道路へと続く階段でつながり，洗濯などの暮らしの水として川を利用していた[1]。藩政時代から御用鮎として所望されるなど良質な鮎が豊富な川として名を馳せ[2]，子どもたちには格好の遊び場を，川沿いの温泉旅館には赴きある借景

を，それぞれ提供した。暮らしの中に川があり，川の中に暮らしがあったからこそ洪水は"年中行事"でもあって，災害文化ともいうべき日常生活の経験に基づく減災の知恵を，流域の人びとは有していた。

ところが，荒瀬，瀬戸石，市房と流域にダムが建設されて以来，川そのものや洪水のあり方は大きく変質した。そして生活実感に基づくダムへの違和感が，川の傍らで暮らし続けてきた流域の人びとの間でゆるやかに共有されていた。Ⅲ章で詳述する通り，それゆえ「ダムの受益地」における川辺川ダム建設反対運動が流域に広がりを見せ，流域内外の動きとも共鳴しながら，2008年9月に蒲島郁夫県知事による川辺川ダム計画の白紙撤回を引き出すことへとつながったのだった。

2008年9月以降の手渡す会は，清流球磨川・川辺川を次世代に手渡すために，フィールドワークを通じて球磨川の自然史・社会史を学んできた。2012年以降には九州北部豪雨をはじめ深刻化する気候変動に伴う豪雨と川づくりに関するオープンデータを集め理解を深めながら，ダムと連続堤防で固めた川の中に洪水を押し込める基本高水治水を前提とする河川法がはらむ問題について議論を重ね，球磨川水系河川整備計画に向けた意見書を提出するなどの地道な活動を継続してきた[3]。

川辺川ダム問題に対する社会的な関心が薄れてからも，気候変動に伴う豪雨下でもヒトを含む豊かな生態系を育み続けてきた清流球磨川と共に暮らしていくことができる川づくりを希求した活動を展開し続けた。

そうしたなか直面したのが，2020年7月の球磨川豪雨災害だった。

2020年7月4日の球磨川豪雨

「令和2年7月豪雨」（7・4球磨川流域豪雨災害）は全国で84人の死者を出した。なかでも球磨川流域の被害は大きく，死者50人，行方不明者2人，住家被害は5144棟[4]にのぼった。ピーク時には1814戸，4217人が仮設住宅に入居した。現在も199戸，367人が仮住まいだ[5]（2024年9月30日現在）。

短時間にすさまじい勢いで降った豪雨は山を崩し，膨大な土石と流木とを含む破壊力のある洪水を，ほぼすべての支流で発生させた。流域の被害は，

地形や人工構造物の影響を受けながらさまざまな形で現れた。

　本流沿いではおびただしい量のヘドロや流木などが，人びとの住む地区にあふれた。国土強靭化の一環で水害防備林が伐採された人吉市七地町や相良村川辺の相良大橋付近の田畑では，表土がえぐられ代わりにヘドロや流木やU字溝が流入した[6]。中流域の狭窄部では，支流や谷沢はほぼすべて崩れ，大半の家が流失した集落もあれば，家屋の前の林立した樹木によって家財の流失を免れたケースもあった[7]。高速道路や新幹線の橋脚やトンネル付近では激しい崩れが見られ，上流域も支流では護岸損壊などの被害が目立った。以降の章でも詳述されるが，文字通り，未曾有の豪雨災害だった。

災害の実態把握もないまま「流水型川辺川ダム」を新たな治水対策の柱に

　豪雨災害を受け，国土交通省と熊本県は2020年8月に「令和2年7月球磨川豪雨検証委員会」（検証委）を設置した。委員は国土交通省九州地方整備局長，熊本県知事，球磨川流域の12市町村首長から構成された。そして，わずか2度の委員会と，復興作業の最中にあった被災者の実情をふまえたとは言いがたい意見聴取を開催しただけで，流水型川辺川ダム建設を前提とした治水策を行う方針を決定した[8]。

　被災者を含む流域内外の市民からの豪雨災害の実態解明を求める声を実質的に無視したまま，国土交通省と熊本県はその後の手続きを進めた。流域治水協議会，河川整備基本方針検討小委員会，学識者懇談会等が開催されたが，基本となったのは検証委における議論であった。

　なぜ50名もの人が命を落とすことになったのかは探究されず，その要因は年齢や浸水域にいたためなど漠然とした一般論へと回収された。浅い浸水深で命を落としているケースがあっても，詳細な状況は不問にされた。市房ダムの効果や川辺川ダムがあった場合の効果を強調することはあっても，市房ダムの緊急放流や瀬戸石ダムによる水位上昇といったダムの弊害面が議論の俎上に上ることは皆無だった。被災者らが書面で要請や質問状を複数回送っても何も応えず，提起した疑問や問題をめぐる追加調査もなく，公聴会等で誠実な回答を行うこともなかった[9]。

序章　　3

「球磨川豪雨災害をめぐって科学的・客観的な検証が行われた」とはいいがたい状況の中，被災者の多様な声を無視しつづけ[10]，国土交通省と熊本県は2022年8月9日に球磨川水系河川整備計画を策定・公開した。

被災者による豪雨災害の実態解明へ

2020年8月13日，地元紙『熊本日日新聞』に一つの記事が掲載された。「球磨川への思い　受け止めたい」と題されたその記事では，「被災者たちが異口同音に『球磨川は悪くない』と球磨川をかばう言葉を口にすること」が書かれている。

発災当日の人吉市街地や水に没する球磨村を目の当たりにして，人吉総局長の吉田紳一記者は「球磨川は恐ろしい」と思った。だが取材に応じた被災者は「球磨川のことをどうしても恨めない。憎いと思えない」，「水害は怖いが，球磨川は怖くないし，球磨川は悪くない。球磨川への思いと水害は全く別」，「球磨川は昔から流域の住民に多くのものを与え続けてくれています。地域や人びとの生活を支えてくれた存在であり，時に癒しの場でもあるんです。球磨川が悪者のように言われるのはつらい」，と語った。手渡す会にとっても共感を覚える語りであり，球磨川への私たちの思いを的確に言語化した記事だった。

手渡す会は2020年秋頃から，7・4球磨川流域豪雨災害被災者・賛同者の会らと共に，復興作業の合間を縫って，被災者への聞き取りや洪水痕跡調査，映像資料の収集に取り組んできた。2024年8月末現在，証言は300人，映像は2500点以上にのぼる。

洪水常習地に住み続けてきた被災者は「なぜこのような洪水が来たのかわからない」と口をそろえた。それまでの経験にないほど水位上昇のスピードはすさまじく，通常とは異なる方向から水があふれてきたのである。また，球磨盆地から人吉盆地へ流れ込んでいく中流域の狭窄部の被災者からは，山の状況や瀬戸石ダムが洪水の激甚化にどう影響を与えたのかを知りたいという多くの声を耳にした。本書は，そうした声にこたえるべく，現時点での手渡す会の調査の成果を紹介するものである。

4

調査に取り組み検証を重ねることで，被災直後にはわからなかった被害拡大の要因やメカニズムの一端がみえてきた。一言でいうならば，従来の治水策こそが深刻化する気候変動に伴う豪雨災害を激甚なものにしており，国土交通省と熊本県の進める流水型ダム建設や連続堤防など川のコンクリート張りの徹底，そして遊水地の整備は，川を破壊し流域住民を分断する代物でしかない，という現実である。なぜこういえるのかは，これ以降の論述を読み，被災経験や調査の過程でどのような現実と私たちが直面したかが伝われば，ご理解いただけると思う。

川を敵視せず，ヒトを含む豊かな生態系を育む清流の保全を前提とした，気候変動に伴う豪雨にも対応しうる水害対策こそ，私たちが求めるものだ。本書が，行政や研究者にもなしえられていない球磨川豪雨災害のさらなる実態解明を促し，各地で同様の問題に取り組む方々の役立つものになれば嬉しい。

[注]

1) 麦島勝・前山光則解説『写真集　川の記憶——球磨川の五十年』葦書房, 2002 年。

2) 竹下精紀『鮎ひとすじ六十年——竹下嘉一　自伝』中央法規出版, 1989 年。

3) たとえば「第八回球磨川治水対策協議会に対する意見」(2018 年 4 月 16 日提出),「意見書——球磨川水系流域の災害防止対策で最も重要な課題は全流域の山地の保全と球磨川水系の再生である」(2019 年 5 月 14 日提出) など。

4) 熊本県「令和 2 年 7 月豪雨に関する被害状況について」(2022 年 3 月 31 日),「災害復旧だより No.9」。芦北町の住家被害 1573 棟のうち 1024 棟が佐敷川流域の被害。

5) 熊本県健康福祉政策課「令和 2 年 7 月豪雨　応急仮設住宅等の入居状況について」(2024 年 9 月 30 日現在)。

6) 森明香「熊本南部豪雨　被災地を歩く（下）」『高知新聞』2020 年 8 月 12 日朝刊。

7) 7・4 水害坂本記録集発行委員会・上村雄一編『2020 年 7 月 4 日球磨川水系豪雨記録集　坂本からの証言』人吉中央出版社, 2022 年。

8) 森明香「川辺川ダム建設容認をめぐる『現在の民意』は『より丁寧に』汲み取られたのか」『くまがわ春秋』60 号, 2021 年。

9) 「計画の前提となったデータの誤りを主張, 市民団体が共同検証要望」https://www.asahi.com/articles/ASQ8R6X98Q8RTLVB002.html 『朝日新聞』2022 年 8 月 24 日,「熊本豪雨, 人吉市街地の被害拡大　上流の橋が影響」 市民団体が県に検証要請」https://kumanichi.com/articles/977374 『熊本日日新聞』2023 年 3 月 14 日。

10) 森明香「球磨川河川整備計画（原案）をめぐる不可解な事実」『くまがわ春秋』70 号, 2022 年。

序章　5

表　球磨川水系の主な洪水と治水計画の変遷（『五十年史』〔建設省九州地方建設局八代工事事務所，1988〕，熊本県の資料，河川整備計画パンフレットをもとに作成。引用頁は『五十年史』の頁を指す。）

発生年月等	被害の概要（戸／人）					最大流量 m³/s	
	家屋損壊・流出	床上浸水	床下浸水	死者・行方不明者	備考	人吉	横石
1669（寛文9）年 8月，9月					台風による洪水。「青井宮楼門二水3尺余閤へ」，人吉大橋，小俣橋流失，浸水家屋1,432戸，死者11人		
1712（正徳2）年 7月					7月，大雨洪水，大橋3径間落つ。青井神社楼門まで浸水（寛文9年の洪水に1尺増水）。8月，大雨洪水，神社仏閣破損，郡中倒家60余軒		
1755（宝暦5）年 6月					前線性の雨による洪水。山津波が発生，球磨川を瀬戸石付近で閉塞し崩壊，奔流は夥しい土砂を含んで萩原堤を一気に押し破り八代城下に氾濫。流失家屋2,118戸，死者506人，傷者56人，耕地の損害33,000ha [p.79]		
1888（明治21）年 6月					詳細は不明だが流失家屋6戸，死者3人，橋複数が流失		
1926（大正15）年 7月					時間雨量42.2mmの豪雨，人吉の大橋筏口で1丈2尺，大橋際で1丈5尺の出水。浸水家屋は人吉で200戸，大村で300戸，流失家屋は3戸。川辺川，柳瀬の両井手（＝農業用水路）は全壊 [p.82]		
1927（昭和2）年 8月	32		500		台風。「人吉・八代で異常な出水」[p.83]		
1937（昭和12）年	球磨川下流部改修計画策定　下流部（八代市）直轄事業に着手　計画高水位：5,000m³/s（萩原）						
1944（昭和19）年 7月	507	1,422	—	23	田畑流失400ha，堤防決壊13カ所，橋梁流失36カ所，道路決壊98カ所，肥薩線不通7日間，前川堰が決壊。「前線性の局地的な集中豪雨型で，支川，山田川，万江川の上流や球磨の峡谷部がひどく所々で山崩れ，土石流による氾濫」[p.84]		
1947（昭和22）年	球磨川上流部改修計画策定　直轄編入：上流部（人吉市～多良木町，中流部は未編入）　計画高水流量：5,000m³/s（萩原）　4,000m³/s（人吉）						
1954（昭和29）年	直轄編入：上流部（湯前町～水上村）						
1954（昭和29）年 8月	106	562	—	6	5号台風。四浦，柳瀬，横石で警戒水位を超えた。耕地流失・埋没1,270ha，冠水1,190ha，橋梁損害14カ所	約2,800	約3,600
1956（昭和31）年	球磨川改修計画策定　基本高水ピーク流量：5,500m³/s（萩原）　4,500m³/s（人吉）　計画高水流量：5,000m³/s（萩原）　4,000m³/s（人吉）						
1960（昭和35）年 3月	市房ダム完成（国施工，熊本県管理）						
1963（昭和38）年 8月	281	1,185	3,430	46	前線。被害は川辺川筋で甚大かつ未曾有とされ，耕地流失・埋没150ha，冠水1,200ha，橋梁損害86カ所，堤防損害31カ所，大部分が川辺川筋におけるもの [p.90]	約3,000	約3,600
1964（昭和39）年 8月	44	753	893	9	14号台風。長く停滞したため雨は強烈ではなかったものの山間部では全体として相当量に及び，全川的に比較的均等な降り方をしたため出水は大きく，八代で5,000m³/s近い流量が観測 [p.90]	約3,400	約4,800
1965（昭和40）年 7月	1,281	2,751	10,074	10	前線。1712年（正徳2年）大洪水以来の青井楼門の基礎石に水が迫る（人吉）。八代でも近来希な出水，萩原堤はかなり損傷，前川堰が増水決壊。川辺川でも昭和38年洪水を上回る出水。橋梁流失52カ所，道路損傷588箇所，堤防決壊9カ所，鉄道被害43カ所，被災者22,100人 [p.91]	約5,700	約7,800
1966（昭和41）年 4月	球磨川水系工事実施基本計画策定　基本高水ピーク流量：9,000m³/s（萩原）　7,000m³/s（人吉）　計画高水流量：7,000m³/s（萩原）　4,000m³/s（人吉）						
1971（昭和46）年 8月	209	1,332	1,315	—	台風。上流部は未改修・無堤箇所から浸水，人吉・錦町・相良村・多良木町の低地部で大きな被害。山田川の内水被害も。[p.105]	約5,300	約7,100
1972（昭和47）年 7月	64	2,447	12,164		前線。全流域で大雨。長期間の出水のため洗堀や護岸損傷など河道災害が多く，下流八代地区12カ所，上流人吉・球磨地区25カ所が被災	約4,100	約7,800
1973（昭和48）年	直轄編入：南側，中流部（旧坂本村～球磨村）						
1982（昭和57）年 7月25日	38		1,517	4	昭和40年7月洪水に次ぐ出水。被害は人吉市・球磨村・芦北町・坂本村等で多く，被災者世帯995戸，被災者概数3,271人。鉄道被害は中流部で49カ所，護岸損壊などは上～下流で30カ所。	約5,500	約7,100

2004（平成16）年 8月	—	13	36	—	台風16号。中流部を中心に浸水被害が発生	約4,300	約5,800
2005（平成17）年 9月	—	46	73	—	台風14号。中流部を中心に浸水被害が発生	約4,500	約6,700
2006（平成18）年 7月	—	41	39	—	梅雨前線。中流部を中心に浸水被害	約3,500	約7,100
2008（平成20）年 6月	—	18	15	—	梅雨前線。中流部を中心に浸水被害	約3,800	約6,600
2020（令和2）年 7月	5,659	269	225	52	文字通り未曾有の大水害	約7,900	約12,600
2022（令和4）年 8月	球磨川河川整備計画策定　ピーク流量：11,200m³/s（萩原）　7,600m³/s（人吉）　計画高水：7,600m³/s（萩原）　3,900m³/s（人吉）							

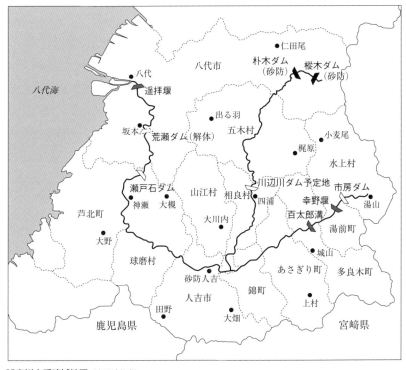

球磨川水系流域地図（森明香作成）

I
2020年豪雨により球磨川流域に どんな災害が発生したのか

1 被災者が見た球磨川豪雨災害 ─あの日の記憶

市花 由紀子

　豪雨災害から早いような，でも長くも感じる被災後の生活の日々。時間が経つほどにいろんなことを思い出したりします，でも忘れていくことも多々あります。もう元の生活に戻ることはないけど，少しでも以前のように生活したいというのが被災した方の気持ちだと思います。体験したこと，覚えていることを少しでも残しておきたいと思います。

　自分が人吉に移り住んでから20年，「清流球磨川・川辺川を未来に手渡す流域郡市民の会」（手渡す会）の活動のなかで流域の方々からいろいろな球磨川の話を聞いてきました。刻々と変わっていく川の状況。川が美しく身近にあったいい頃の話も，だんだんと環境が変わってしまった後の川の話も心にとどめながら，こちらに住み始めてからは球磨川をこの目で見てきました。過去の水害の話も体験者の方に聞いてわかったつもりでしたが，実際の川の氾濫というものは想像を絶するものでした。

　私は，宮崎が地元で，川に遊びにいくことはありましたが，川のそばに住むという生活は，球磨村にきてからのことです。結婚して，球磨村に引っ越してきてから球磨川の近くに家族で生活するようになりました。初めに住んだのは渡の茶屋地区というところでした。

　球磨川下りの発船場があり，急流コースはここからスタートします。球磨

川はこの球磨村の渡地区から急に川幅が狭くなり，狭窄部が続くため，激しい瀬が続き水しぶきを浴びながら楽しむ川下りの急流コースの有名な場所でした。いまはカラフルな色のボートで下るラフティングのほうがなじみのある場所となっています。茶屋の人たちはいい時も悪い時も，球磨川の側で生活してきました。私も引っ越してから，近所の人に川との付き合い方や川が増水したらどうなるのか，何をするのか，教えてもらいました。

　うれしいことに，私たちの借りていた家の前には頼りになる人が住んでいました。手渡す会で一緒に活動していた，大島津喜さん（故人）です。大島のおばちゃんのダム建設反対の活動への熱い思いや，体験された大水害の時の話はいまでも心に残っています。今回の豪雨災害を見たとき……一番先に思い出したのは，大島のおばちゃんのことでした。

　まだ福岡にいた頃，ふとしたことで川辺川ダム問題を知りました。ダムの問題については何も知らず，なぜあの川の上流にダムを造るのか，どうして地元の人たちがダムに反対しているか，その頃はわかりませんでした。人吉にきてから，地元のいろんな方の話を聞くと少しずつ川と住んでいる人の関係が，またダムの問題がどれだけこの地域にとって大きな問題なのかがわかってきました。そんななかで手渡す会の活動を知ることになり，球磨村に引っ越すにあたって大島のおばちゃんは心強い存在でした。

　茶屋地区はその名前のように，以前は何軒か宿場や商店があり人の行き交いがあったことを感じさせる雰囲気がありました。水害については，何度も被害にあっているため住民ならではの知恵があり，水がくることを考えて家を建て直しています。この地区のお住まいはほとんどが1階を駐車場にされていて2階・3階が居住スペースになっていました。増水しそうな時，地区内での自主的な避難行動に，住み始めた頃はびっくりしたものです。

　茶屋にきて生まれて始めて，川の増水とともに内水が上がってくるのを見ました。家の前にも内水がきて驚きました。川の増水も怖いけれど，水門を閉めると内水が行き場を失い，低い場所は浸水します。水門の近くの一番奥の家はいつも床下浸水していました。その家の方も慣れたもので，大事なものは下には置かないと話していました。

茶屋にきた頃，娘は赤ちゃんでした。一人で避難するのとは勝手が違うため，近所の方に，あなた早めに先に避難したほうがいいよ，すぐ準備してと言われて，私は高い地区の方の家に車を移動させてもらいました。外に出ると，みなさんカッパを着て川の様子を見たり，車や高齢者を避難させたり，私のように慣れていない人に避難の段取りを教えていました。それ以降は私も，声をかけてもらう前に自分で準備して，先に避難しますと伝えて早めに避難準備や段取りもできるようになりました。

　最近では，昔の球磨川の話，市房ダムができる前の球磨川のよかった頃を語り合える人もだんだんと少なくなってきました。上流にダムがある川しか知らない私には，想像もつかない話ですが，ダムができる前は川が黒くみえるほど鮎がたくさん泳いでいた話や，子どもたちは川で当たり前のように泳いでいたこと，大水の時の楽しみは網で魚を取りにいく，「濁りすくい」の話。そして増水した時の水の上がり方やその後の片付けの話です。大水の時は一時的に大事なものをどんどん高いところに上げて，難を逃れ，その場にいて，水が引くのを見ながら，泥を一緒に流し出したり，時にはその引く水と一緒にいらないゴミを川に流してしまったり……そんな風にうまく川と付き合っている時もあったという話です。

　今回の災害の時に，あるおばあちゃんが増水する川を見てこう言っていたそうです。

　「このあと引き水が来るから車を流されないよう縛っておきなさい」という一言，あの津波の後のような車が重なって溜まっていた光景を見て，なるほどと思いました。増水する時の勢いより，引いていく時の水のパワーはすさまじいものでした。

　大水と川の恵み，難を逃れる知恵と川を楽しむこと，流域の方にとって当たり前のことだったのでしょう。

　以前，大島のおばちゃんから1965（昭和40）年の水害の話を聞いたことがあります。このあたりも屋敷も何もかもすべて流された，「あっというまに水が増えた，何もできず，家が流されて何も残らなかった，何もない。子どもたちの着替えもなくて，泣きながら下着を泥水で洗って着るしかなかっ

図1　被災直後の茶屋

た，布団もなくて子どもたちをムシロに寝かせて，つらかった……水害にあった後の惨めな，あの気持ちは絶対忘れられない」と生々しく語られた。大島さんのダム建設反対への強い思いはここからきているのだと感じていました。

　すべてが流される……そんなことあるのかなと思っていましたが，今回の災害で見た光景はまさにそうでした。家が無事で残っていたものがあっても，泥に浸かりカビにまみれ，使えるものはほとんどありませんでした，茶屋地区は川のようになって濁流下になっていたので，水が引いた後は，壊滅状態となっていました。

　今回の豪雨災害の時に，大島のおばちゃんが話していたことは本当だった，いや今回はそれ以上の災害が起きた，あの話を超えることが目の前で起こっている……と見たことのない球磨川を前にし，私は足が震えました。

　渡地区の茶屋や被災時に住んでいた島田はちょうど球磨川と小川の合流点になります。球磨川の側でずっと暮らしてきた地元の人もびっくりするような大水は，橋や鉄橋を流し，大切な人の命や多くの財産を失うこととなってしまいました。地元の皆さんは口を揃えて，まさかこんなところまで水がくるなんて……と話していたことが今も記憶に残っています。

　近くの高齢者施設の千寿園では高齢者が犠牲になりました，自分も避難の

タイミングを逃していたら，家に取り残されてどうなっていたかわからない……そう思うと苦しくなり怖くなります。

　7月4日，災害当日の話をしたいと思います。金曜日の夜は断続的に停電しおかしいなと何度も目が覚めました。川の水位を見ようとインターネットをつなごうとしても不安定でつながりません。雨の音も気になっていました。これはいつもより降ってるな，球磨川の水位が心配だな，ダムはどのくらい放水してるのかな，と思いながらウトウトしていましたが，これは寝ていられないと起きて，本格的に停電する前にご飯を炊いておこうとスイッチを入れました。この時ののんきな自分に言いたいです，ご飯を炊いている場合ではないと，早く逃げる準備をしなさいと（まだこの時は迫っている水にまったく気がついていませんでした）。

　私たちは，いつも川が増水すると球磨川水系の水位を確認していました。渡はもちろん，人吉地点，川辺川の柳瀬や四浦の水位，市房ダムの水位など細かくチェックしていました。

　川の増水の予想は，雨の降り方，ダムの放流情報，川辺川の増水の推移で，渡地点がどのくらい増えるのかおおよそ予測はできるので，川について詳しい夫にならい，いつもの観測地点を確認するのが常でした。川の様子を見に行きたい夫は，早くから準備を始めていました。川の様子を見に行くことはいつものことなので，行くにしても外はまだ暗いし，危ないからもう少し周りが見えるようになってからにしたらどうかと私は言いました。その頃，村内では繰り返し放送が流れていました，雨の音でよく聞こえませんでしたがところどころ聞こえている内容は，すぐに安全なところに避難してください，球磨川が氾濫しそうだ，もう氾濫している場所もあるかもしれないからすぐに高いところに避難するようにと言っていたそうです。

　夜が明けて夫が外に出ると慌てて戻ってきました。「小川のほうから破堤して水が上がってきている，国道に水がきているからここにも水がくる，早く車を上げて」びっくりして，急いで外を見ると，国道に茶色の水が流れているのが見えました。これはまずいと思いました。

　　　I　2020年豪雨により球磨川流域にどんな災害が発生したのか　　13

私たちの住まいは国道より一段高いとはいえ，道路に水がくれば車を動かせません。国道の水を見ながら，私たちは，先に車を上げようと車を高いところに持っていきました。いつもの出入り口にはもう水がきていて，そこからは車は出せませんでした。

　渡小の運動場のフェンスを開け，運動場から千寿園の前を通り抜けないと間に合わないと言われ，急いで一段高い小川地区に車を上げました。このタイミングを逃せば，車は水没でした。その後すぐに家に戻り，子どもと一緒に貴重品だけ持って小川地区に上がりました。10分ぐらいの間のことです。私と子どもが逃げる時は，後ろからゆっくり水が迫ってくるところでした。道路が浸かり，渡小の運動場にも水が入り始めました。水に追われる……という感じでドロ水がじわじわと近づいてくるのが不気味で，焦りました。

　この車を上げている間にも自宅に水は少しずつ上がっていたのですが，夫は私たちより家にギリギリまで残り，水の様子を見ながら少しでも水没を逃れる準備をしていました。生まれた頃からこうした経験のある夫は，慌てず状況をみながら行動し地元の人ならではの余裕を感じました。私のほうはパニックになっていて，何を持ち出すか考えることもできずに荷物を一つ持って逃げるのが精一杯でした。

　どこまで水がくるのかはわからない……その時は誰もこんな大きな災害になるとは思っていなかったでしょう。私たちは高台に上がり，家の様子をずっと見ていました。始めは床下浸水ぐらいは仕方ないかなくらいの気持ちで見ていたのですが，増水はそんなものでは止まりませんでした。結局は平屋の自宅は屋根が見えなくなるところまで浸かり，見えているのは2階のある家の2階だけでした。

　ここで，私が見た渡の奇跡のお話をしたいと思います。

　高台に上った後，自宅のある島田も気になるし，本流側にみえる濁流と化した茶屋地区も気になり，行ったり来たりしていました。国道から人が何か茶屋のほうに叫んでいるのが見えました。近付いてみると茶屋の入り口の家の2階のベランダに人がいました。1階はすでに濁流にのみ込まれています。その方は手すりに必死に捕まっていました。みんなで，頑張れ，頑張れ

図2　平屋の自宅は水没（矢印）　　　図3　水が引くと屋根に泥の跡が残った（矢印）

と声をかけていました．水が落ち着いたら，水位が下がれば助けに行けるのではとみんな見守っていました．しかし，ますます増水しています．どうすることもできず見守るしかありませんでした．いよいよ水が2階にも上ってきて，ベランダにいた人は2階から屋根に上っていました．その時です，ギシギシと家が動き出してしまいました．みんな，ここまでか……と悲壮な顔で見守っていました．私は怖くて見ていられなくなりました．その後，動いた家が次の家に引っかかり，次々と家が流れ始めて，私たちがいる国道にも少しずつ水が迫ってきました．国道も危ないのでさらに高いところに上がるしかありませんでした．

　目の前の信じられない茶屋の様子に何も言葉が出ませんでした．しばらくして少し水位が下がり始めた頃でした，私は国道に降りて，記録用に写真を撮っていました．すると下流から道路を泥だらけの裸足の人がこちらに歩いてきます．

　さっきの家にいた人だ，生きてる，助かったんだ，ほんとに無事でよかった，とみんなで喜びました．あとでお話を聞くと，家が動き始めてもうダメ

I　2020年豪雨により球磨川流域にどんな災害が発生したのか　　15

表 1　2020 年 7 月 4 日未明 球磨川流域に降った集中豪雨

市町村	河川	観測所	1 時	2 時	3 時	4 時	5 時
八代市	百済来川	①川岳	10	19	55	72	34
芦北町	天月川	②大野	34	54	38	48	79
球磨村	川内川	③神瀬	29	51	59	78	72
	芋川	④岳本	27	52	40	31	74
	那良川	⑤三ヶ浦	23	64	37	22	51
	鵜川	⑥球磨	27	58	40	21	68
	小川	⑦大槻	29	39	65	74	73
山江村	万江川	⑧大川内	21	36	62	65	61
人吉市	胸川	⑨砂防人吉	24	61	15	3	34
	鳩胸川	⑩大畑	33	26	21	13	32
相良村	川辺川	⑪相良	25	64	18	6	29
		⑫四浦	30	43	56	32	72
五木村	小鶴川	⑬平沢津	2	18	30	61	24
	五木小川	⑭出る羽	5	27	48	77	35
	川辺川	⑮五木宮園	2	33	38	62	42
	梶原川	⑯梶原	4	33	52	80	59
八代市	川辺川	⑰開持	1	24	27	44	28
あさぎり町	田頭川	⑱深田	26	74	27	13	40
	阿蘇川	⑲須恵	27	51	42	22	56
多良木町	球磨川	⑳多良木	24	71	33	21	55
	柳橋川	㉑城山	19	62	26	6	36
	小椎川	㉒黒肥地	21	44	48	28	45
湯前町	仁原川	㉓湯前	23	71	36	23	48

注　国土交通省，熊本県，気象庁（各ホームページ）データをもとに黒田弘行・市花保作成。

かと思ったけど，一か八か飛びこんで必死に岸に向かって泳いだ，そしてつかむものを探して必死にそれにつかまって水が引くのを待っていたら，上がれる場所があって，どうにか国道に上ってこれたと話していました。「俺は小さい頃は球磨川で泳いでいたから，川で泳ぐのは得意なんだ」と（高齢の男性の方です）話してくれました。すごいなと思いました，あの濁流のなか，いろんなものが流れてくるなかで，泳いで助かるなんて奇跡だと思います。

	30mm/S 以上	50mm/S 以上	70mm/S 以上	
6 時	7 時	8 時	9 時	9 時間雨量
58	40	13	3	304
32	63	45	8	401
62	73	35	6	465
11	42	44	16	337
7	26	60	24	314
8	31	47	14	314
52	67	30	5	434
66	59	19	8	397
26	42	100	62	367
25	14	77	59	300
17	24	66	39	288
21	35	37	16	342
31	28	8	8	210
49	39	9	6	295
45	44	9	9	284
43	41	10	12	334
24	34	6	11	199
24	44	54	36	338
12	22	50	17	299
28	57	58	31	378
35	45	54	44	327
18	26	41	19	290
31	56	51	30	369

流域の方の多くは，上流にダムができてから球磨川が変わってしまったと言い，どこでもその話を聞きました。急な増水，内水に加えて氾濫の水も重なりいままで浸かったことない場所も水に浸かり，普段の生活ではわからない水の氾濫が多くの場所でおきてしまいました。昔は川の氾濫した後の土地で取れた米はおいしかったと言われたものでしたが，いまは臭いヘドロの混ざった土砂が溜まり，一度氾濫すると後は大変なことになります。

今回の災害で既存のダムの効果はどの程度あったのか。どうでしょうか。雨が降ることはわかっていたので，事前にダムからも放流されていました，その後線状降水帯が人吉球磨に大雨をもたらしました。渡地区に新しくできた堤防である導流堤や，三面張された川，人の都合のいいように変えてしまったことが，増水の速度を速めていたように感じています。そして以前は自然に引いていた水も，堤防と樋門がネックとなり，水がなかなか引かずに，溜まったままでした。結局，人が造ったもの

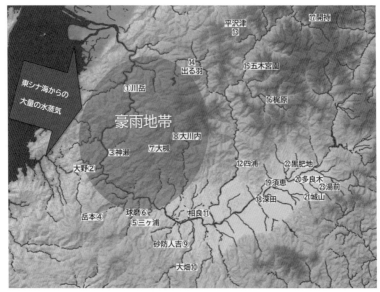

図4 球磨川流域 梅雨期豪雨の特徴（市花保作成）
東シナ海から大量の水蒸気を含んだ大気の流れが生じ，その流れが最初にぶつかるのが球磨川下流域であり，球磨村，山江村，坂本村の山間部が豪雨地帯となっている。

が避難を妨げ，避難するのに時間がかかったり，早く自宅の片付けに入りたいのに近づけず大変な思いをしました。人間がよかれと思って造ったものも，限度を過ぎて足を引っ張るものとなっていたのです。

　いま改めて当時の写真や動画を見ると，この水はどこから来たのだろうかと考えます。
　被災して当時はそんなことを考える余裕はありませんでしたが，しばらくたって記録を集めてみると降水量の記録に驚きます。とくに小川の上流の記録にびっくりしました。
　後日，小川沿いの地区で，渡から上流に入った地区の方の話を聞きました。「小川の増水が，いままで見たなかでも格段にすごかった，上流から大きな木が立ったまま流れてるのを見て，こんなものが流れていったら，下の方の地区は大丈夫かなと心配していた……とくに千寿園は心配だった」と

18

図5　渡小学校の入り口に溜まる流木　　図6　小川の上流から流れてきた大木

言っていました。大雨が降ると，山崩れなどで多くの木材が流れてきますが，今回は生木が根っこごと流れてきていました。たくさんの流木があらゆるところに引っかかっていて，水が引いたあとの流木のバリケードの様な光景は今も脳裏に焼き付いています。

　多くの支流をもつ球磨川は，本流をダムでコントロールしても，雨の降り方によって左右されますし，支流が氾濫すると，その支流の合流するあたりは水が溢れます。これは渡だけでなく多くの場所で発生しました。支流の氾濫は山の荒廃から起こっています。被災後に改めて山に入り，車で走ってみるとひどい状況で荒れていると感じました。

　被災後すぐに，中止となっていた川辺川ダム計画の話が再び進み始めました。私の体験から感じることは，仮にダムがあったと仮定して，水位を下げる効果があったとしても，支流からの水で浸水はしていますし，国・県が発表しているような流水型のダムの効果がどこまであるのか疑問が残ります。私は避難した高台から球磨川を見ていて，自然の恐ろしさは，それを抑え込もうとしても人間の力なんて到底及ばないところにあると学びました。

　自然がつくり出した川に，人が何かを造ることで災害を大きくしていないか，災害の後にこそ正しい検証が必要ではないでしょうか。私は，どうしてあのような大きな災害になったのか，いろんな面から本当のことを知りたい

Ⅰ　2020年豪雨により球磨川流域にどんな災害が発生したのか　　19

です。

　これから復興計画や球磨川水系の流域治水がどうなっていくのか，その方向次第でこれからどこに自分の生きる場所を見つけるのか，気持ちが揺れ動きます。被災した人だけでなく人吉球磨地域の人々の大きな転換期となると思います，この災害をきちんと検証し未来のためになる復興計画をしてほしい，災害復興がよい方向への転換になるようにと願っています。

2 水害常襲地帯に暮らしていて
初めて出会った災害

木本 雅己

どのような洪水が発生したのか

2020（令和2）年7月3日真夜中から4日午前中にかけて，梅雨末期の線状降水帯が球磨川流域にかかり，流域全体に未曾有の降雨をもたらし，それにより支川や本川の氾濫と土砂災害が発生し，人吉市，及び球磨郡，芦北町，八代市の住民は歴史上にない洪水被害を経験しました。

人吉での歴史書によると，江戸期には洪水により青井阿蘇神社の楼門まで浸水したという記述がありますが，当時の地形，河道についての資料がないために，洪水の程度を検証できません。

そこで，過去の洪水で最大とされるものは，1965（昭和40）年7月3日の洪水が妥当であると考えられます。私の家はその洪水では50cmほどの浸水でした。ところが今回の洪水では260cmと1階部分が完全に水没してしまい，前回のそれと比較できないほどの被害をこうむることになりました。

この豪雨による浸水被害等の概要を図1で示します。人吉市より上流域の被害は河川氾濫や内水による水田浸水被害が主な物であり被害の程度は少ないですが，人吉市内から下流にかけての被害は甚大化し，浸水被害や家屋倒壊，人命被害が広がっています。人吉市の浸水面積は518ha，浸水戸数は4681戸。下流の八代市までの被害を合計すると，浸水面積は1150ha，浸水戸数は約6280戸と過去に経験したことのない災害でした。

どれだけの人が亡くなったのか

令和2年7月豪雨で，熊本県全体では65人が亡くなり，2人が行方不明と報道されています。球磨川流域の死者は50人（行方不明者1人）。内訳は，人吉市20人，球磨村25人，八代市坂本4人，芦北町1人です。私たちの

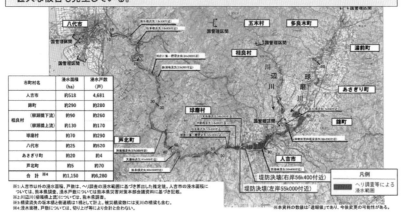

図1 浸水被害等，流域全体における被害状況
出典　「第1回令和2年7月球磨川豪雨検証委員会説明資料」12頁。

会，「手渡す会」は他の団体と共に人吉市街地を中心としてこの洪水の原因究明に取り組みました。人吉市では20人の方が亡くなられています。私たちはこの豪雨災害を検証するために300人から浸水時間と浸水深の証言，3000枚以上の写真，映像の入手，また240人の避難行動の証言を集めました。私たちはそれらを解析し，人吉市では市街地を流れている支流の山田川では午前6時過ぎに，万江川でも5時頃に氾濫は始まり，住民が死亡した時間はおおむね午前8時頃と推定されること，下流でも同様に午前8時頃に死者が発生したこと。また球磨川の最高水位は人吉地点午前10時頃であり，その時刻より早い時間に，ほとんどの人的被害が発生していたことを確認できました。

　国，県はなぜ人が亡くなったのか，どうして亡くなったのかの検証をすることなく被災直後に川辺川に流水型ダムの建設計画を表明し，清流と人命を

守ると喧伝していますが，そのダムでは人命を守ることはできないことは調査の結果明らかになりました。

人吉市ではなぜ20人もの死者が出たのか

図2は人吉市街地を流れる球磨川の支流の山田川のようすを写したものです。まさに堤防を越えようとする瞬間をとらえています。時刻は午前6時26分です。多くの証言と記録によると，この下流の本川球磨川は

図2　2020年7月4日6時26分　山田川　早朝に氾濫は始まった。

8時頃から，堤防からの越流を開始しています。国は球磨川のバックウォーターにより市街地が水没したと発表しましたが，その球磨川の氾濫時間より90分ほど早い時間です。この山田川や万江川という支流の氾濫は急激な流れを伴って市街地に入り込みました。そして市街地一帯をほぼ水没させました。この流れる濁流により，8時までの間には人吉市の20人の犠牲者の大半は亡くなられたと推測できます。

田川や万江川から氾濫した水は，市街地を縦横に走る用水路である御溝や小河川を伝わり急激な流れを形成し，市街地を短時間のうちに泥流の町にしました。図3の丸い点が支流の山田川，万江川からの氾濫で亡くなられた方々を示しています。亡くなられた方々の場所を示す黒丸のそばには，必ず御溝が通っています。また亡くなられた方が多い地点は，市街地のなかでも標高が低い場所で市街地へ入り込んだ濁流は，地形の低いところをめざして一気に流れ込んでいます。亡くなられた方の年代は80歳代が8人と一番多く，平均年齢は74.1歳です。また屋内と避難途中で亡くなられた割合はともに50％で，屋内から逃げる余裕がないほどの出水に遭遇したことや，屋

Ⅰ　2020年豪雨により球磨川流域にどんな災害が発生したのか

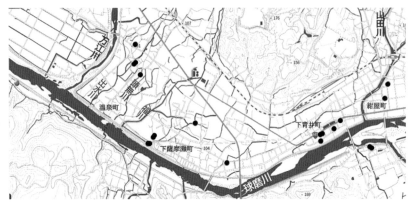

図3 市街地の地形と死者 御溝や旧河道という地形がつくりだした激しい流れが市街地の多くの人の命を奪った。　●亡くなられた方たちの地点

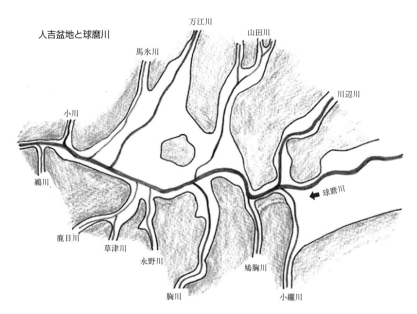

図4 命を脅かす山田川・万江川の氾濫 山田川や万江川は，山から一番低いところを流れる球磨川に流れ込んでいる。山田川や万江川の氾濫は流れの速い洪水となり，急激な増水を引き起こす。

図5　市街地を取り囲む連続堤防　激しい内水氾濫を起こし，山田川や万江川の氾濫水の流れを複雑にした。最後はこの連続堤防が湖をつくりだし，復旧の大きな妨げとなった。

外での急激な増水により命を落とされたことが推測されます。

内水被害が災害を助長した

　次に災害を甚大化させた治水施設について説明します。図5の奥のほうが球磨川本流で，手前が市街地です。連続堤防が造られています。球磨川の水位が下がっても連続堤防のために水が抜けきらず浸水したままの状態が続き，救助作業も難航しました。いわゆる出水時には，堤防や樋門は市街地の水位を上昇させます。そして人の避難を困難にさせます。また減水時には，いつまでも市街地に泥流が溜まり続け，救助活動を難しくさせます。樋門は地形的に標高の低い場所に設置されているために，想定以上の水が集まった場合には樋門は閉じられ，そこに水が集まるために，洪水初期において樋門近くに居住する人たちの避難行動を抑制することになりました。いわゆる内水が災害を拡大していることが今回の洪水で明らかとなっています。

第四橋梁について

　連続堤防とともに被害を激甚化した二つ目の原因について説明をします。

図6 川辺川との合流地点 氾濫地域の図（アミかけ部分）

　人吉市街地の5kmほど上流に球磨川と川辺川が合流する地点があります。またその合流点にはくまがわ鉄道の鉄橋があります（図6）。ここで発生した現象について説明します。この合流点の直上の低地は丸太の集積場となっており，洪水時には膨大な量の丸太が貯木されていました。洪水によってそこから流れ出した丸太が流木となって鉄橋にたまり一時ダム化しました。行き場をなくした水は球磨川・川辺川の両岸へと堤防を越えて越流をし，その結果周りの田んぼや住宅地に水が流れ込み，多量のヘドロと流木を持ち込み被害を甚大化させました。さらに，ここにたまった水と丸太は，ついには鉄橋を破壊し，膨大な水量が球磨川の本川に流れ出し，鉄砲水となり一気に下流の人吉市街地を襲いました。

　鉄橋は水圧に耐え切れず大きな音を立てて崩壊し，一帯に溜まっていた水が急激に引いていった時の音を聞いたという複数の証言があります。そしてここにたまっていた膨大な量の流木，土石，ヘドロは市街地に一気に流れ込

みました。人吉市街地の一番上流にある第三橋梁という鉄橋について，7時10分頃には鉄橋の下を流れていた水が5分後には鉄橋の上まで一気に増水し，鉄橋から溢れた水は右岸の市街地に鉄砲水となって流れ込み，慌てて逃げたという住民の証言があります。球磨川・川辺川双方の流域住民が大きな音と川の水位が一気に下がっていく姿を目撃しています。これが人吉市街地の災害を大きくした二つ目の原因です。

図7は人吉市を流れる球磨川のなかに，洪水以前から堆積していた土砂の写真です。私たち住人はこの土砂撤去の要望を何度も出しました。10年にわたって要望を出し続けていましたが，国はただの一度も要望に沿って土砂の撤去をしたことはなく，結果年々土砂は溜まり続けて洪水が起きやすいこのような状況になっていたのです。このことが，市街地の洪水氾濫をさらに助長したという事実を人吉市民は証言しています。洪水後においても形ばかりの撤去が行われたばかりです。土砂の撤去はやり方によっては河川の環境に悪影響を及ぼすものですが，その配慮もなく，また今後の撤去計画についても十分な説明は行われていません。

図8は洪水後の市街地の写真です。鉄砲水となった濁流は浅くなった川床の上を，膨大なヘドロと流木を伴い堤防を越え，市街地へと一気に流れ込んできました。ヘドロは上流の市房ダムの湖底からもたらされたものです。ヘドロは洪水後も悪臭を放ち続け，復旧の大きな障害になりました。流木がは商店街の2階にまで引っかかっており，流速の速さを示しています。この商店街に住んでいる住民の大半が，避難所へ避難する余裕がなく，やむなく2階，3階へと垂直避難を余儀なくされています。また2階まで押し寄せた濁流から逃げるべく屋根伝いに隣家の3階に避難したという証言もあります。

市房ダムが緊急放流を午前8時30分にするという通知を球磨郡，人吉市の多くの人が聞いています（図9）。避難した屋根の上で聞いた多くの市民が絶望を感じたと証言しています。国や県のダム管理者は，「緊急放流というものは，入ってきた水をそのまま流すだけである。それまでは減水の効果を出している」由の宣伝をしていますが，緊急放流の事態とは洪水調節が不能となり，それからの対処ができなくなるという，いわばお手上げの状態にな

図7 球磨川に堆積していた土砂 人吉市街の球磨川は堆砂と樹木で流下能力が最悪の状態だった。住民はこうした川の状況が災害を甚大化させたと考えている。

図8 鉄砲水の後の人吉市市街地 鉄砲水は流れの悪い川を利用して市街地に莫大なヘドロと流木を伴って一気に入り込んだ。市房ダムがつくりだしたヘドロと悪臭は復旧の大きな障害になった。

図9 2020年7月4日 屋根の上で市房ダムの緊急放流を聞く

るということです。それから先ダム湖を襲う山津波やダム堰堤を越流した貯留水がダムの護岸を破壊する事態となっても、なんら対策はできないという事態に陥るということです。

　市房ダム緊急放流の放送は、避難最中の住民を恐怖のどん底におとしいれました。

　被災者が復旧作業をしていくなかで、県知事は川辺川ダム建設を表明しました（2020年11月19日）。しかし今回の豪雨においてダム予定地上流域の雨量は比較的少なく、川辺川の水位のピーク時間は、人吉市の上流、相良村柳瀬で午前9時30分です。その頃には、すでに人吉市の水は減水しかかっていました。つまり上流にダム建設をしても、今回の洪水に対して役に立つことはなかったということです。熊本県の蒲島知事は流水型ダムを建設して環境と命を守ると表明しています。流水型ダムは自然環境を悪化させるという見解は、すでに周知のこととなっています。また洪水時にはゲートを閉じて貯留するという発表ですが、貯留を始めたダムに想定外の多量の水がダム湖に流れ込んだ場合、どう対処するつもりでしょうか。上流の二つのダムがそのような事態になった時には、何万という人吉市民の命が奪われ、町は完全に崩壊します。

　2021年は再開発が売りの鶴田ダム（鹿児島県）もごく簡単に緊急放流の事

態におちいってしまいました。7月10日の豪雨で，鶴田ダムも緊急放流の直前事態に陥った。下部からの放流はものすごく破壊力をもつ強い流れをつくりだす。国交省と気象庁が一緒になって「緊急放流は危険です。放流開始前に避難を！」と何度も呼び掛けていました。

　ダムは気候変動による豪雨には対応できなくなっていることをダム自身が教えてくれているのです。

　県は流水型ダムで命と清流を守るといいますが，コンクリート巨大建造物は清流を奪い命を脅かすものでしかありません。国は治水と環境の両立をめざすというがダムでは命も環境も守れないのです。

球磨川流域における豪雨災害の大きな特徴

球磨川流域の地形について

　球磨川流域豪雨災害の主だった地域が図10です。球磨川の最下流が八代市，次が球磨村，人吉市，そしてその上流で球磨川の最大の支流，川辺川が球磨川と合流しています。球磨川にはたくさんの支流があり，上流には1960（昭和35）年に建設された県営で多目的の市房ダムがあります。過去にこのダムは3度も緊急放流を行ったという悪名高いダムであり，下流域に位置する人吉市はこのダムによる洪水被害と水質の悪化に長い間悩まされています。球磨川がかろうじて清流と呼ばれるのは，上流の最大支流の川辺川から水質日本一の豊かな清流が流れ込んでいるからです。

森林の状況について

　球磨川流域はほぼ山地です。本来雨は森をつくり育てるものです。豊かな森林に覆われている山ほど，多くの水を蓄えることができます。

　戦後の拡大造林により，球磨川流域の多くの山で自然林が伐採され，スギ，ヒノキの植林が進められました。その結果，人吉市には，はげ山と化した昭和40年代には多くの洪水が発生しています。その後針葉樹林の成長が進み，しばらくの間大きな洪水は発生しませんでした。

　しかしここ10年ほど前から成長したそれらの伐採が始まりました。しか

図10 球磨川流域（黒田弘行作成）

表1 2020年7月4日未明（1〜9時）球磨川流域の降雨量（mm）

市町村	河川	観測所	最大雨量（mm/S）	9時間雨量
八代市	百済来川	①川岳	72	304
芦北町	天月川	②大野	79	401
球磨村	川内川	③神瀬	78	465
	芋川	④岳本	74	337
	那良川	⑤三ヶ浦	64	314
	鵜川	⑥球磨	68	314
	小川	⑦大槻	74	434
山江村	万江川	⑧大川内	100	397
人吉市	胸川	⑨砂防人吉	77	367
	鳩胸川	⑩大畑	66	300
相良村	川辺川	⑪相良	72	288
		⑫四浦	61	342
五木村	小鶴川	⑬平沢津	77	210
	五木小川	⑭出る羽	62	295
	川辺川	⑮五木宮園	80	284
	梶原川	⑯梶原	44	334
八代市	川辺川	⑰開持	74	199
あさぎり町	田頭川	⑱深田	56	338
	阿蘇川	⑲須恵	71	299
多良木町	球磨川	⑳多良木	62	378
	柳橋川	㉑城山	71	327
	小椎川	㉒黒肥地	48	290
湯前町	仁原川	㉓湯前	71	369

注 国土交通省，熊本県，気象庁（各ホームページ）データをもとに黒田弘行・市花保作成。

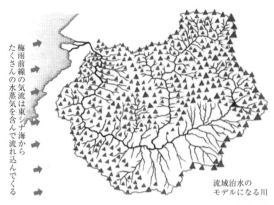

図11 梅雨前線がもたらす雨 球磨川流域はほぼ山地全域が豪雨地帯である（黒田弘行作成）

も多くの山で大規模の皆伐が行われ、球磨川流域の山はいたるところはげ山の状態になっています。つまり山が保水できない状態になっているのです。球磨川流域はほぼ山地です。そして全域が豪雨地帯でもあります。梅雨前線は西からきます。梅雨前線の雲は東シナ海からたくさんの水蒸気を含んで流れ込み、この山にあたりそして雨を降らします（図11）。豪雨は保水できなくなった山地の土砂を削り、土石流を生み出し、下流の森林を破壊し巻き込みながら、一挙に本川球磨川へと土木石流を流し込みます。

温暖化について

近年世界中で温暖化による異常気象が発生していますが、その傾向は、この地域では気温の上昇と降雨量の増加となって現れています。とくに梅雨前線の活発な時期には線上降水帯によりその傾向が顕著となっています。梅雨前線が停滞する時、球磨川流域では下流域ほど大雨が降ります。球磨村はいちばんの豪雨地帯といえます。しかも今回の豪雨災害では、球磨村に劣らぬくらいの雨がほぼ全流域に降っています（表1，本書16頁参照）。国の80年に1度の計画降雨量よりはるかに多い雨量、つまり想定外と国がいう降雨でした。しかし、川辺川上流の雨量は、例年の梅雨前線がもたらす雨と同様に、他の地域と比べると少ないものでした。それは西から来る東シナ海の雲が、球磨村の山で多くの雨となるせいです。川辺川の集水域の山々は球磨村より東に位置しているために、降雨量は少なくなっています。

梅雨前線がもたらす雨は下流域ほど大雨になり、球磨村が流域一番の豪雨

地帯です。2020年7月4日は全流域に猛烈な集中豪雨が降りました。

気候の温暖化，山林の放置および大規模伐採，劣悪な林道の開発，中小河川をコンクリート造りにしたこと，低湿地の無計画な住宅開発，河川の堆積土砂の放

図12　鶴田ダム（鹿児島県）　2021年7月10日の豪雨により緊急放流直前の事態に陥った。通常時の放流（8月21日撮影）

置，連続堤防や樋門の設置，すべて人間が自然に対して行ってきたことです。人吉市民の多くは今回の洪水にあいながらも球磨川を悪く言いません。水のきれいなこの地への愛を感じます。それが救いともなっています。

災害は，人間による利害がらみの野放図な開発により引き起こされています。川には何の責任もありません。コンクリートづけで川を破壊するダムによる治水を大多数の流域住民は一切望んでいません。流域住民は，自然の営みが豊かな球磨川を守ることが，この地に生きることだという認識をもっています。

Ⅰ　2020年豪雨により球磨川流域にどんな災害が発生したのか　　33

II
なぜ，激甚な災害に遭った住民が
ダム問題に取り組むのか

1 球磨川に暮らす流域住民
"川で育ち・川で子育て"

木本 千景

　私は川辺川が大好きです。川辺川のある生活がしたくて都会から帰ってきました。

　2008年に川辺川ダム計画が白紙撤回された時，私は東京で学生をしていました。ワンルームの部屋で小さなテレビを眺めていると，蒲島郁夫県知事が「現行の川辺川ダム計画を白紙撤回し…」と言いました。その時，故郷のおじさんやおばちゃんたちのなじみのある顔が映し出され，わあっと喜ぶ様子が流れました。そのなかに，うれしそうに目をつむって頷く父が見えました。私はうれしくてうれしくて独りで声をあげて泣きました。うれしさで心臓がドキドキして息も苦しくて，体が震えました。故郷に帰ろう。あの川があのままなら，どこより楽しく暮らせる。いつか生まれる自分の子どもも，絶対に川を好きになる。きっと豊かな子育てができる。と，人吉に帰るのを決めた瞬間でした。

　私の幼少期は，川で遊ぶのが1年で一番の楽しみでした。

　家のすぐそばの球磨川には，夕方によく家族で散歩にいった記憶があります。母が夕食を作る間，父と姉と兄と私で歩いて出かけて，タオルで魚の稚魚を捕まえたり，まだ5月なのに泳ぐ姉と兄を，小さくて泳げない私はうらやましく思ったり，肩車されて川の散歩道路を歩いたりしました。「お父さ

35

んが子どものころは，自分のおうちから川に直接出られる階段があったと
よ，よかろ〜？　川はもっと深くって水はもっときれいだったよ。魚もいっ
ぱいおったし，瀬も渕もたくさんあって遊ぶところがいっぱいあって，それ
はそれは面白かった。毎日暗くなるまで川で遊んで，子どもたちはだいたい
ぼろい服着て，上はいつも裸の子もいたね，水神さんのひょうたんの首飾り
つけてたり，上級生が小さい子の面倒見て，みんなで遊んでたよ。みんな
真っ黒だったよー。おもしろかろ」と，そんな話を聞いて父の肩の上でワクワ
クしていました。

　７月８月は，一番楽しい季節です。この時期本格的に川で遊ぶには，川辺
川や万江川に連れて行ってもらっていました。家族だけでなく，いとこや親
しい友だち家族も一緒にいって，おにぎりやお茶を持参して川で１日遊ぶの
が楽しかったことといったらありませんでした。唇が紫色になって体がガク
ガクになっても，そんなことより楽しさが勝って「まだ入る!!」と言い張り
母にあきれられていました。すぐそばの球磨川でなく川辺川や万江川に連れ
ていかれていたのは，球磨川の上流には市房ダムがあるため水が緑色で臭い
し石もヌルヌルしていて汚いからだったのだと，大人になって気づきまし
た。

　中・高校生にもなると，自分たちで自転車に乗って川辺川に行きました。
暑くて，セミの声がミーンミーンとさらに暑苦しくて減入るような日は，
「川いく!?」「いこ！　川辺川!!」「うち，いい道知っとるけん！」「○○ちゃ
んち集合ね！」と顔をキラキラさせて話し合い10人ほどで連れ立って，水
着を服の中に着てビーチサンダル，持ち物はポケットに数百円の小銭とお菓
子だけで，11キロあまりの道のりを女子中学生の一団で川辺川へ爆走した
ものです。よい田舎道があり，上り坂下り坂，途中にある昔ながらの商店で
飲み物やおやつを買って，箸が転んでもおかしい年ごろの私たちは道中ガハ
ハと笑いが止まりませんでした。

　川辺川には何カ所か私たちのお気に入りのポイントがありました。この橋
から飛べるとすごいという所や，川のなかに大きな岩がある所ではそこから
飛んだり，岩と岸の間の流れに乗って流されたり，反対側の岸辺にドキドキ

36

しながら泳いで渡ったりしました。ちょっと面白みに欠けるけど近くのポイントなどもありましたが，やはり妥協しないで何キロでも自転車を漕いでいきました。どこでも，岩場から水のなかを見ると鮎が何匹も見えて，いつかイザリを持ってきて捕まえてやると思っていました。

　時には対岸に渡れなくて流される友だちもいて，釣りのおじさんが木船で助けてくれたという経験もありました。ついでに船へみんなで乗せてもらい，元いた岸辺へ送ってもらっている時，「おじさん，ありがとうございます。」「うん」「これ，おじさんの船ですか？」「うんにゃっちがう」「よく船のるんですか？」「こっがはじめて」「うぇー!?　すごい!!」「初めてなのに上手ですね！」「うはははは」という話をしたのをいまでも覚えています。

　中学生の私たちは時間を忘れて遊びました。帰りの道は夕暮れで，ヒグラシがカナカナカナカナと鳴くのを聞きながら，川でちょっと疲れた感覚が心地よく，川と森に挟まれた旧道を濡れた服のまま涼しく帰りました。帰りには，遠くから夕立が雨のカーテンのように川面からこちらに向かって来るのが見えて，とうとう，ざーっと自分たちのところにもやってきて粒の大きな雨にふられながら自転車を漕ぎました。これが何だかとても開放的で気持ちよく，「自由だー!!」とか叫んだりしました。そんななかなぜか裸足で自転車を漕いでいる奴もいたりして，私たちは帰りも笑いが止まりませんでした。楽しくてバカで自由だった，あの時に感じていた川のにおい，夏の森のにおい，日陰のにおい，カブトムシが居るみたいなにおい，田んぼから香るお米のにおい，雨のにおい，アスファルトの熱いにおい，色んなにおい……同じにおいを嗅ぐといまも心がキュンとします。

　年に一度くらいは父にお願いして，ピックアップトラックに，シャチの形やマット状の浮き輪，タイヤチューブを人数分積んで川辺川におろしてもらい，そこから家の前の球磨川まで4時間ほどかけて下るという遊びもしていました。泳ぎの得意な姉兄・幼なじみたちと一緒に，川の上をぷかぷか浮きながら瀬に流され，とろ場では一生懸命漕いで，この遊びはまるで冒険でした。川岸の茂みのなかから麦わら帽子をかぶった父が現れ手招きするので，その岸辺に寄ると，スイカやお菓子やジュースを振る舞ってくれました。そ

してまた出発して，最後のほうは長いとろ場の球磨川をえっちらおっちら漕いで，家のそばまで到着すると浮き輪を持って濡れたまま家に帰っていました。その日の背中やふくらはぎは日焼けで真っ赤になり，水風呂に何度入ってもいつまでも暑くて，何日もあおむけでは寝られませんでした。それほど川を堪能していた子供時代でした。

　そんな私も都会に出て暮らしましたが，川のない暮らしを5年もすると，川が恋しくて恋しくてしかたなくなってきました。私の住んでいた場所から2時間・3時間，4時間かけて山のきれいな地方にも毎週通ったりしましたが，満足のいく川はありませんでした。あの，広くて深くて，水色の，冷たい川辺川。大人になった私には車があるから，仕事終わりに毎日好きなポイントへ行って，サッと行ってひと泳ぎして家に帰ることができるのだと，故郷でどのように川と暮らしたいか妄想がつのるばかりでした。そして，いつか生まれるかもしれないわが子にも，川で遊ぶあの心躍るような感覚を味わってほしい。川に子育てを手伝ってもらうことで，私が子どもに教えられない何か大切なものを川が教えてくれるような気がしていました。都会の暮らしもそれなりに楽しんでいましたが，予定より早く故郷に帰ることにしました。

　人吉に帰ってからしばらく，思い描いていたように夕方になったら川で涼みに泳ぎに行き，やっぱり川辺川は最高だな，と思っていたころ，友人にラフティングのガイドにならないかと誘われました。それにピンときて，10年経った今もラフティングのガイドを続けています。

　川をプライベートで楽しむだけでなく，より深く川に携わることができ，お客さんに川の楽しさが伝えられ，私にはこの上ない仕事だと感じています。さらに，私の所属するラフティング会社は，水量が適した増水時には川辺川も下るという数少ない会社でした。なんという幸運か。川辺川は，普段下っている球磨川よりも，瀬が多くて大きく流速も早い，難易度が高い川です。私は川辺川を下れることがうれしく，とても誇らしく思います。川辺川はラフティングをしていてもやはり別格で，下れる水量になると「川辺川いこう！」とほかのガイドも口々に言います。「川辺川はやっぱり面白いね」

図1　観音の瀬　夫と私。お腹のなかには息子がいました（2015年）

「川辺川を下ると体も気持ちもスッキリする」「川辺川気持ちいい！」と，何度も下っているガイドでさえ言います。これは，川辺川の水のきれいさ，周りの豊かな自然，河川の状況が他の川よりも健全であるために魅力的な川に感じるのだと思います。

　現在，私には6歳の息子がいます。子育てをしていると，人吉に帰ってきて正解だったと心から思います。息子は赤ちゃんの頃から川に親しんでいるので，川が大好きです。どんな遊びよりも川で遊ぶことが好きだと言います。季節を問わず「川行こう！」という息子は，正月にも，川へ散歩に行くとたまらず入ってしまうほどです。泳ぐのはもちろん，生き物を捕まえたり，捕まえた小さな魚やカニを食べてみたり，釣りをしたり，きれいな石を拾ったり，石をスリスリ削って絵具を作って絵を描いたり，川沿いでお弁当を食べたり……川での過ごし方は子どものやりたいようにやらせると無限の遊びが生まれて多様です。

　日頃は，アマノジャクでわがままの多い息子に手を焼いていますが，ひとたび川に放り出せば，まったく手のかからない自然児に早変わりします。きれいな川があるだけで，子どもの遊びや暮らしがより豊かになること，川が子育てをおおいに手伝ってくれていることを実感しています。川をきっかけに，森や海や空や木や草花，動物や昆虫にもよく親しみ心を向け，自然が豊かなことが，どれだけすてきなことなのか子ども心に深く感じているようにみえます。「おかあさん，ぼく，田舎の子にうまれてよかったー！」とたび

Ⅱ　なぜ，激甚な災害に遭った住民がダム問題に取り組むのか　　39

図2 息子と姪 川辺川観音の瀬下（2020年4月）

たび満面の笑みで言います。

　流水型川辺川ダムの計画が持ち上がり，私が他県の流水型ダムの写真を用いた書面を作っているときに，その写真を見て「川辺川，こうなるの？わーんわーん！」と大泣きしたこともありますし，「おかあさん，ぼくが大人になっても，きれいな川かな？」と泣きながら聞かれた時もあります。6歳の子どもにとっても，川辺川はとても大きな存在になっているのでした。

　川に親しみ育ち，暮らしの一部にある人間にとって，川や自然は大切な友だちであり，偉大な先生であり，ありのままを包み込む母であり，この地球の自然の摂理そのもので畏敬の念を抱く存在であるのです。だから私たちは，川辺川が川辺川であることが幸せなのです。

2 球磨川と共に暮らす流域住民

生駒 泰成

はじめに

　私は球磨川の支流川辺川の下流部相良村柳瀬地区に住んでいます。有限会社生駒水産という鮎の養殖場を営んでいます。同時に，球磨川・川辺川で鮎の刺し網漁を行っている川漁師でもあります。

　私は子どもの時からいつも川で遊んでいた川ガキです。川には夏休み・冬休み・春休みなどないですから，多分，学校へ行く日数よりも川へ行く日数の方が多かったのではと思っています。

　私の養殖場は川辺川のすぐ傍にありまして，2020（令和2）年7月水害では養殖場が水没し出荷できる商品鮎約18トンの流失と電気設備・機械設備の大半を失いました。とんでもなく大きな被害にあっています。

　ですが，私は現在も暮らしていて，また仕事場がそのような場所なのだと思っております。川を恨む気持ちはまったくありません。

　けれども，一つ言いたいのは，これまでに流域の住民が国や熊本県に何十回も要望していた河川整備（河川内の堆積土砂の撤去等）をあまり行ってこなかったということ。このことに関しては大変な怒りをもっています。

　これまでに流域住民が要望していたことを実施していたら，被害の状況もまた，随分と違っていたのではないかと感じています。

　私は，今回計画された川辺川流水式ダム計画には断固として反対します。

　なぜ，反対かというと，川辺川下流部の住民としてダムの緊急放流と環境への悪影響水質悪化の二つが大きく懸念されるからです。

公聴会（2022年4月）での意見陳迷から

　以下は，2022年4月26日相良村で行われた国と熊本県が公表した「球磨

川水系河川整備の原案」（以下，原案）についての，流域住民からの意見を求める河川法の第16条2項の4に従って行われた公聴会での，私が述べた意見陳述をもとにしています。

私たち川辺川の下流部の住民としては，流水型ダムの環境への悪影響つまり濁水発生の長期化と緊急放流の危うさを非常に心配しているのです。

清流川辺川，国土交通省調べ15年連続水質日本一これを私たち相良村住民は誇りに思うと同時に，次の世代へ残していかなければならない財産だと思っています。

この流水型ダムの環境への影響について，公聴会で配布された原案の「国管理区間概要版」19，20頁の2頁に「川辺川における流水型ダムの環境保全の取り組み」と記載されて19頁に2行，20頁に5行記載されているだけです。中身も文章の最後は「保全を図ります」とか「環境保全を図っていきます」とある。これは原本も同じですが，このような曖昧な抽象的な言葉で2行とか5行程度の文章しか記載されていませんでした。このような文言では到底納得できるものではありません。

流水型ダムつまり穴あきダムが環境悪化水質悪化を招くことは間違いないと私は思っています。

水質悪化つまり濁水の長期化が起きます。なぜ私がこれを言うかといいますといまより20年くらい前，川辺川がいつも濁り，少しの雨でも濁水化していました。このような状況が1年中続き，なぜかと思い上流を調べに行ったところ，八代市泉町の川辺川本流に造られた朴木砂防ダムが濁りの発生元でした。

この朴木砂防ダム，名称は砂防ダムでありますが，実際には川辺川本流に造られた，穴あき型流水ダムです。なぜこんな場所にこのようなもの造る必要があるのか疑問に思う構造物です。

この朴木砂防ダムは提体25mくらいのダムですが提体の下部に一つ穴があり，その上の中間部分に二つの穴があり，その上部にまた穴とスリットがあるというもので，まさに穴あき流水型ダムそのものです。

この朴木ダムの上流部に洪水時に流れ出た土砂が水流の低下により溜ま

り，その土砂水位が水位の低下により削られて流れ出ていて，その後の少量の雨でも流れ出ているのが原因でした。提高25mのダムでも，最大で8mくらいの堆積土砂があり，そのような状況が，上流3kmくらい続いているうえに，ダムの下流にも土砂の堆積がありました。

　このような状況が起こることはどんな穴あき流水型ダムでも当然のこととして考えられます。

　なお，その年はこれまで数十年続けてきた球磨村の「全国大鮎釣り大会」が，このような濁り水の状況では他の地区，全国から人，お客様をお招きすることはできないとの理由で開催を中止しています。

　このような状況のもと下流部の住民・漁業者・相良村，人吉市，の議会等が問題提起・抗議・長期濁水を防ぐための意見書提出などを行いマスコミ関係でも大きく報道され国交省は濁水長期化を防ぐために新たな工事を発注してダム提上部にケーブルクレーンを設置し提体の下部の穴に大きな土嚢袋のようなものを投入して穴をふさぎました。

　私はこの工事を自分の目でみており，写真も撮っております。

　この穴を塞ぐ工事の後，たしかに長期濁水はなくなりましたが，このことにより朴木砂防ダムより上流2kmくらいの区間が土砂で埋まってしまい，魚類が生息できない川になってしまいました。

　この朴木砂防ダム結局はなんの治水効果もなく，ただ2kmにわたり魚種の棲息環境をなくしただけです。はたしてこれでよいのでしょうか。まったく，川を壊しただけです。

　これと同じことが，また起こってしまいました。

　それは2022年9月18日に九州地方を襲った台風14号による豪雨により起きました。

　この時の洪水は私の所の川辺川では，2020（令和2）年洪水に次いで過去2番目の水位の高さでした，この水害の後の水の濁りの取れ方がおかしいと思い9月25日に川辺川上流へ調べに行きました。

　調べに行く前より，私の頭には，ある予測がありました。それは朴木砂防ダムより5km位上流にある樅木砂防ダムです。現地に行って見たらやはり

Ⅱ　なぜ，激甚な災害に遭った住民がダム問題に取り組むのか　43

想像していたとおりの状況でした。

この樅木砂防ダム提高は 30 ｍでこの樅木砂防ダム構造は朴木砂防ダムと同じで，提体の一番下に一つの穴がありその上部に二つの穴がありその上にスリットがあるものです，違いは提体の上が橋になっていることです。

私は今回計画されている川辺川の流水型ダムは上流からの流入を停滞させるものすなわち，そこで土砂をとめて水位の低下にともない溜まった土砂を後からだらだらと流し続け濁水の長期化をもたらすことは間違いないと思っています。

また，ダム提上流部は増水の後，土砂・ヘドロ・流木等が溜まり・残され，まさに，水害の後のような状況になるのではないかと思います。

私はこのような考えのもとに，今回示された河川整備計画に強く異議を申しております。

河川環境が悪くなるからというだけで，このダム計画に反対しているのではありません。いまより 50 年くらい前に起きたハイジャック事件の際，当時の福田赳夫総理大臣が「人の命は地球より重い」と言われた，私はその当時小学生でしたが，それ以来，現在でも，その通りだと思っています。

環境よりも人命が重い，当然です。

けれども，私はこのダム計画には反対です。このダム計画に反対するもう一つの理由は，2020（令和 2）年洪水の時にこのダムが存在していたら犠牲になられた方たちは，亡くならずにすんだのかということです。私はこのダムが仮に存在していても助けることはできなかった，と考えています。

なぜかというと，亡くなられた方たちがどのような状況でどこからきた水で亡くなられたのか，亡くなられた直接の原因は何なのか，亡くなられた時間は何時くらいなのか，これらのことを考え合わせるとダムがあっても救えなかったという結論にいたります。

国・県は被害者について，なぜ亡くなったか，どうして被害に遭ったのか，などを詳細に検証することもなく，洪水発生の数日後にいきなりダムの話を持ち出してきました。あまりにもおかしい話だと思います。

ダムが存在すると仮定し，そのダムの効果で人命が救われるのなら，「環

44

境より人命が重い」と考える私がダム建設計画に反対することはありません。今回犠牲になられた方たちが川辺川ダムがあったとしても救われたとは思えないのです。

私がダム建設計画に反対する，もう一つの理由はダム建設予定地より下流部に暮らす住民として，緊急放流による急激な水位上昇を恐れているからです。

2020（令和2）年水害の時，既存する市房ダムは緊急放流をせざるをえない状況になりました。実際のところは雨の降り方が弱まり緊急放流は回避できましたが，緊急放流をしなければダム本体が危ない状況にまでなったのは事実です。

この市房ダムはこれまでも，数回緊急放流を行っています。2022年9月の台風14に伴う大雨でも，緊急放流を行いました。国・県は緊急放流とは「緊急放流とはダムへの流入量と同じ量の水を放流するものだから，被害を増大させる事はございません」などといっていますが，今回の緊急放流では，流入量よりも多量の放流を行っている時間帯があります。

この台風14号の洪水では運よく下流部の河川水位にまだ余裕があったため，大惨事にならなかっただけです。

今回，市房ダムはサーチャージまであと2cmというところまで水位が上がっています。緊急放流とはダム提自体を守るために行うものであるのです。

実際に2020（令和2）年水害時にも下流部ですでに大氾濫が起きているのにもかかわらず緊急放流を行おうとしました。これからも，ダム堤を守るために緊急放流を行うことは十分に考えられます。

もし，川辺川のダムと市房ダムが，同時に緊急放流を行わざるをえなくなった時，球磨川・川辺川の合流部より下流部に，どんな惨状がもたらされるのか，考えるだけでも大変恐ろしくなります。

前回のダム計画が白紙撤回された時に「ダムによらない治水を究極に追求する」として色々な案が提示されました。この案は費用が何千億かかるからダメ，その案も完了までに何十年かかるからダメと，最初からこのような言

葉ばかりを繰り返し，12年間大がかりな治水対策をあまりしてこず（行う
つもりは最初からなかったとしか思えない），今回水害がおきたらあっとい
う間にダムの話を出してきた。国交省はダムを造りたいがゆえにこの洪水を
待っていたのかと感じられるほどです。

　そうではないにしても，そう思われても仕方ないと思います。なにしろこ
れまでの長い年月，前回のダム計画時にも球磨川と流域は全国的にみても大
変危険だと言いつつ，ダム計画が白紙撤回されてからは大きな治水対策をあ
まり行ってこなかったのは事実ですから。

　このような住民の大半が望んでいないダム建設計画，一度造れば取り返し
のつかないダム建設計画，ただ造りたい人が自己満足するためのダム建設計
画はただちにやめてもらいたいと思います。

　最後にもう一度，私は大きな怒りを感じていることをお伝えしたいです。

再録

冊子
「7・4球磨川豪雨　被災者の声」

掲載にあたって

7・4球磨川流域豪雨被災者・賛同者の会　川邊　敬子

　「7・4球磨川流域豪雨被災者・賛同者の会」では，2020年7月豪雨の被災者から寄せられれた要望などの声を冊子に取りまとめ，何度かにわたって行われた熊本県主催「住民の皆様の御意見・御提案をお聴きする会」の2020年11月3日開催会場で，当会代表の発言後に蒲島郁夫熊本県知事へ手渡しました。

　第一弾（2020年10月31日現在）を以下に掲載します。

　表紙に続いて蒲島郁夫熊本県知事への挨拶文，続く被災者の声で構成されています。

　あの日2020年7月4日早朝，状況を伝え合うSNS等での友人たちとのやり取りは，当初は緊迫感に乏しいものでした。ところが水位はあっという間に上昇し，気を失いそうになるほど非道な「市房ダムの放流予告」が行われたのです。

　多くの友人と連絡が取れなくなってしまったなか，幸いにも雨脚が弱まり放流は免れましたが，放流が中止になったことがわかるまでは，球磨川流域の人々のみならず予告を知った遠方の家族や友人知人の間にも怒りと絶望が渦巻き，逃げ場を失った住民からは「殺す気か！」という怒号が飛び交った

と聞きます。

　わたし自身は被災を免れましたが，逃げ場を失いボートで救助された友人や被害に遭いながらも命からがら逃げのびた友人たちが，水が引いた直後に我が家に避難してきました。うちにたどり着き安堵したときの第一声は，皆「放流がなくてよかった！　あれば死んどった」でした。

　豪雨の恐ろしさを思い知った日は，ダムの恐ろしさを改めて思い知った日でもあったのです。

　「住民の皆様の御意見・御提案をお聴きする会」を設けながら，その後，国・県・流域市町村長からは，地域住民の声を聴き取り上げるという姿勢はみられません。知ろうとしていないといったほうが適切かもしれません。

　本書を手に取って頂いた皆さんには，この冊子や本章の被災者の生の声を知っていただくことで，川と共に暮らしてきた住民の想いが伝わることを願います。

　　※文言は発行当時のまま記載しています。イニシャルのあとに「舟」とあるのは鮎
　　　漁用の船が損傷したという意です。

熊本県知事　蒲島郁夫 様

　日頃からの災害復旧復興へ向けた蒲島知事はじめ関係者の皆様のご尽力に対し，深く敬意を表します。
　また，本日の「住民の皆様の御意見・御提案をお聴きする会」で発言の機会を頂きましたことにお礼申し上げます。

　本日発言が許された3分間の中で，これまでに当会に寄せられたたくさんの被災者・賛同者の声をお伝えする事は不可能ですが，寄せられた意見・提言をなんとか知事にお届けしたく活字にしてまとめてまいりました。続々と入会申し込み書が届いておりますので，全ての声を記載しているものではありませんが，ぜひ被災者の叫びを受け止めて頂きますようお願いしたします。

2020年11月2日現在の名簿登録者数は，

会員数　536名　　　内 被災者　309名　賛同者　227名です。

　賛同の意思を伝えて頂きながら，まだ入会申込書の回収出来ていない世帯もありますし，今後も広く会員を募り声を集めていきたいと考えています。

　なお，本日の「住民の皆様の御意見・御提案をお聴きする会」が水害被害者の声を聴いて頂く会であることを鑑みて，今回のこの印刷物には被災に遭った会員の声のみを掲載しておりますが，当会の趣旨に賛同した多くの方からも，支援者としてたくさんの意見・提言・要望を頂いていることを申し添えておきます。
　また，会の発足表明直後から入会を希望する被災者の方も多く，申込書の作成以前に簡易名簿に住所氏名のみ記入頂いていたため，意見等を把握できていない会員も相当数に上る事をご承知おきください。
　（会の趣旨を掲載した入会申込書を添付させて頂きました。）

※被災者の声には，被災状況と地域（町名）のみを添えて記載しておりますが，すべての意見等は実在する被災者からのものです。
　一部の方を除き住所・電話番号も伝えて頂いておりますので，当事者に詳細をお尋ねになりたい場合は，当会にお問い合わせくだい。

　　　　　　　7・4球磨川流域豪雨被災者・賛同者の会
　　　　　　　共同代表　鳥飼香代子（人吉市九日町）　市花保（球磨村渡）

　　　　　　　　　　　　　　　　　　まとめ・文責　川邊敬子

　　Ⅱ　なぜ，激甚な災害に遭った住民がダム問題に取り組むのか　49

> 球磨郡五木村甲　Ｉさん
> 養魚場水路損傷／養殖成魚死滅
> ダムの前にやることは沢山ある。
> ダム論議は拙速である。

> 球磨郡相良村川辺　Ｎさん
> 家族親族宅全壊・床上浸水。田畑・舟
> 川辺川の土砂をとってください。
> ダムはダメです。魚がいなくなる。

> 球磨郡相良村柳瀬　Ｏさん
> 自宅床下浸水・舟・網
> 河川の土砂を取ってください。

> 球磨郡相良村柳瀬　Ｈさん
> 自宅床下浸水・舟・網
> ダム以外の河川整備

> 球磨郡相良村柳瀬　Ｉさん
> 職場（養魚場）水没
> ダムによらない治水を求める。河川敷内の土砂のすみやかな除去。早急な堤防の整備を望む。

> 球磨郡相良村柳瀬　Ｋさん
> 倉庫被災
> ダムはダメ

> 球磨郡相良村柳瀬　Ｋさん
> 勤務先床上浸水・家族親族宅全壊
> 橋梁等の高さUPをお願いしたい

> 球磨郡相良村柳瀬　Ｋさん
> 自宅床下浸水・田畑
> 川辺川柳瀬新村橋の河川石砂等の除去をお願いしたい。

> 球磨郡相良村柳瀬　Ｉさん
> 職場（養魚場）水没
> 支流も含め，河川内の土砂撤去。農業用水路の復旧。堤防強化。住宅地のかさ上げ。

> 球磨郡相良村柳瀬　Ｙさん
> 田畑・家族親族宅半壊
> 7月の豪雨で甚大な被害がいたるところで発生しました。まだまだ復興がままなら状況が続いている今日です。生活に欠かせな被災した道路や橋梁の復旧，安心して暮らせる居住地の整備，生活困窮に対する支援を早急に！
> 国や県は，ダムによる治水を主張するが，ダム問題よりも復興を優先し，被災者及び流域住民の構築をすべきと考えます。

> 球磨郡多良木町多良木　Ｍさん
> 勤務先半壊
> 人吉・球磨の一日も早い復興を願っています。

被災者の声　P1　球磨郡　五木村　相良村　多良木町

球磨郡球磨村三ヶ浦乙　Oさん
勤務先一部損壊
橋を早めに作って欲しい。
ダムには反対します。

球磨村一勝地甲　Oさん
自宅床下浸水／倉庫
川辺川ダムよりも川を広くして掘り下げて水量を増やす事。人間が堰き止めても流した時にスムーズに流れなければ同じ事だと思う。人間の力で自然には勝てない

球磨村一勝地甲　Tさん
家の裏が崩壊
ダムは治水にはさほど影響はない
ダムの予算で復旧復興を早く実現して欲しい
きれいな故郷を取り戻したい

球磨村渡乙　Oさん
自宅・勤務先停電断水
流域住民は全員被災者である。
ダム建設は断固反対

球磨村一勝地丁　Oさん
自宅への道路崩壊（車が出せない）
自宅への道路の復旧をして欲しい

球磨村一勝地甲　Nさん
店舗兼住宅全壊
立退きで同地での店舗再開希望
人吉球磨の復興を何より願う

球磨村渡乙　Uさん
自宅・店舗全壊
復興計画を一日も早く出してほしい

球磨村一勝地宮園　Nさん
店舗兼住宅全壊
一勝地での再建を願うがめど立たず，村仮設住宅エリアでの店舗の話があるが得意客が来てくれるか不安

球磨村渡乙　Sさん
自宅全壊　倉庫　田畑　ペット　親族宅半壊
再建支援策が薄れて来ている。
ダム建設大反対。山林整備乱伐禁止

球磨村渡　Sさん
勤務先全壊，車両
ダム論議はこの復旧作業の真最中にやることではない。市・村民が大変な時にやらなければならないことは他にたくさんある

球磨村神瀬丙　Oさん
自宅山腹崩壊全壊
自宅は山腹崩壊による土石流により全壊これ以上河川や山林をいじめないでほしい

球磨村渡乙今村地区　Iさん
住宅／倉庫全壊／農地土砂流入／農業機械
ダムを造ったら球磨川下り・鮎漁出来なくなる。
以前からダムは反対で変わらず

球磨村渡乙　Gさん
自宅全壊
ダム反対／高台に移りたい。
村は災害塵を早く撤去して欲しい

被災者の声　P2　球磨郡球磨村

Ⅱ　なぜ，激甚な災害に遭った住民がダム問題に取り組むのか　　51

人吉市赤池水無町　Aさん
田畑
何を今さら川辺川ダム建設なのでしょうか。地域を二分することがないようにお願いしたい。もっと他の洪水対策を丁寧に検討して欲しい。

人吉市上田代町　Uさん
勤務先全壊
ダムはぜったい反対です。

人吉市城本町　Mさん　自宅全壊
ダム反対です。周りの被災なさった方々も反対の方が多いようです

人吉市上田代町　Uさん　勤務先半壊
球磨川（清流）がダムによって、私達漁師にとって、濁りがあって良質な鮎も取れません。球磨川あっての人吉球磨です。ダムは絶対ダメです。

人吉市赤池水無町　Aさん　田畑
災害直後からダム建設の件はあまりにも単純すぎる。どさくさ紛れの火事場泥棒みたいなものだ。

人吉市五日町　Iさん
自宅半壊・勤務先半壊・家族宅半壊・車
元の生活に戻れるか不安です

人吉市大野町　Mさん
勤務先全壊
ボランティアが少ない

人吉市温泉町　Hさん　自宅半壊
川底の土砂を取って欲しい。毎年できるはず。トンネル水路（バイパス）を直接海へ。山林の復活，杉の建築利用と雑木林の再生。・山里の景観を壊さず，中途半端な都市化は不要

人吉市願成寺町　Sさん
勤務先床上浸水　家族親族宅半壊
7月の豪雨時，私の職場では山田川からの水があふれ，床上150cm浸水しました。親族宅も多数浸水し，いまだに元の生活に戻っていないところも多くあります。その中の誰もダムがあったら良かったのにとは言っておらず，球磨川を悪く言う者もいません。清流球磨川が生活を支え，生きてきた者ばかりです。これからも未来の子供たちに清流を残していけるような工夫で，ダムによらない治水をぜひ考えていただきたいと思います。2008年の知事の白紙撤回時は清流を残していただけることのうれしさに涙が溢れた。

人吉市願成寺町　Kさん
舟
ダムによらない治水を行って欲しいです。

人吉市願成寺町　Iさん
舟
ダムによらない治水を考えてください。

人吉市願成寺町　Kさん　舟
ダムを造らないで欲しい。
美しい川辺川を今のままのかたちで！
鮎を守ってほしい
（鮎の生きていける川に）！

被災者の声　P3　人吉市内

人吉市瓦屋町　Kさん　舟
水害直後，周囲には市房ダム放流予告への恐怖を語る人ばかりでした。人の手で作った物には必ず寿命が来るはずですし，放流や決壊の危険を含むダムは恐怖の源でしかありません。ダムを造るお金があれば生活再建に回して欲しいです。清流球磨川・川辺川は流域の復興には欠かせない流域の宝です。知事には2008年の宣言に自信と誇りを持って頂きたいです。

人吉市瓦屋町　Mさん
勤務先一部損壊・家族親族宅半壊
ダムを造らない治水を考えて欲しい。
人吉には公園や花壇が少ないと思う。
自然環境を壊さない町づくりをしてほしい。

人吉市温泉町　Oさん　自宅全壊
自宅は全壊でした。
でもダムは作ってほしくありません。

人吉市下原田町字瓜生田　Sさん　自宅全壊
何故これほどの水害になったのか，学者による検証
委員会を立ち上げ，明らかにして欲しい。
その上で対策を出して欲しい。

人吉市九日町　Mさん
勤務先床上浸水
ダムよりもまず市民の仕事と生活を優先して人吉のグランドデザインを作って欲しい。

人吉市下原田町荒毛
Aさん
家族親族宅全壊
川辺川ダム建設を是非阻止すべきだと思う。

人吉市城本町
Yさん
自宅床上浸水・車
被災者を最優先にした
復興

人吉市紺屋町　Fさん
自宅店舗全壊
川底をさらってほしい。

人吉市城本町　Uさん
自宅大規模半壊
知事は今期限りとしてもダムが出来てしまえばその弊害は市房ダム同様永遠に続きます，はたしてその未来に責任が持てますか？私は持てない，二つのダムを抱えて同時放水による地獄を見るのは明らかです。

人吉市九日町　Mさん　自宅全壊・店舗全壊
九日町の店の再開は諦めた。住居としても危険でどうかなと思う。残念ながら中心市街地も商店街としての機能もこれで終わったように感じる。特に個人商店街の再開は厳しい。この後しばらくは空き地が広がる風景となるだろう。人間の欲望とおごりの果てが毎年このような災害を引き起こしている。

人吉市瓦屋町　Kさん　舟
川砂の採取が禁止されたので，川に砂と泥が溜まり放題になっている。
事業として砂利の採取をして頂きたい（地元業者にお願いしたい）。
ダムを造るお金があれば他の事に回して欲しい。
ダムを造れば球磨川は駄目になる。

人吉市田町　Hさん
自宅半壊・家族宅全壊
ダムなどムダ

被災者の声　P4　人吉市内

Ⅱ　なぜ，激甚な災害に遭った住民がダム問題に取り組むのか　　53

人吉市下薩摩瀬町　Nさん　自宅全壊
国交省が（決定した）つくり上げた資料が真実とは思えない。多くの地元住民はこれをうのみに信じたら川辺川ダムなぜつくらないのか，そう思うのが当たり前ではないか。
実態から考えると絶対にこのようにはならないと自信を持っている。
状況をみて歩いたらわかると思っている。

人吉市薩摩瀬町　Kさん
自宅半壊
やっと仮設住宅が決まったところで，頭がいっぱいなので，まだ何も決めきれません。

人吉市下薩摩瀬町　Yさん
自宅全壊
堆積した土砂を来年梅雨までに早よどうにかして欲しい。また浸かっちゃいます。ダムよりこっちじゃないでしょうか？

人吉市下薩摩瀬町　Mさん
自宅・勤務先全壊　車両・田畑・倉庫
復興が5,10年と掛からないよう国の対応が迅速に願う。全国どこで起こるか分からない災害国・地方自治体に要望／被災者支援金は全員一律で支給して欲しい半壊全壊の区別なく

人吉市中神町丁大柿　Sさん
自宅全壊　倉庫　車両　田畑
住民が再起できるような行政の支援をお願いします。市房ダムの撤去，又は雨季には貯水量をゼロに近くしておく。・用水はポンプアップに切り替えて，球磨川の清流を優先し，観光の振興にも生かしてほしい。少子高齢化で人吉・球磨が今後は人口減少と高齢化のupは時間の問題。人吉球磨には多目的ダムは不要である。

人吉市永野町　Nさん　田畑
ダムありきの復興に疑問／先の話よりも今出来る事を球磨川を含めて考えて欲しい。堆積土砂撤去を数年前から市・国に要望してきたが解決されず。中川原公園も毎回水害にあってその度に税金が使われる～必要ない

人吉市西間上町　Tさん
家族宅床下浸水
市民の意見をよく聞いて欲しい。科学的真実をゆがめず民衆に示して欲しい。

人吉市西間下町　Mさん
自宅半壊・車両
ダム建設反対。ダムが出来ると川の水量が少なくなり球磨川下りにも影響がするのでは？景観も良くない。河床掘削をして欲しい（市房ダム湖の清掃も含む）

人吉市永野町　Nさん　田畑
早い復興を願う。住民の引越しが多い。この先が不安。ダム建設よりも住民市民の事を考えて欲しい。
ダムがあっても今回の災害を防ぐ事は出来なかった。
息子カヌー部で練習できず

人吉市中神町大柿　Hさん
自宅全壊
スピーディーな対応を望む。

被災者の声　P5　人吉市内

人吉市下薩摩瀬町　Kさん
自宅全壊・勤務先一部破損・
家族親族宅半壊・車
100年後も美しい人吉市であって欲しい。県外の人に自慢できる人吉であって欲しい。子ども達が帰ってくる人吉でいて欲しい。

人吉市七日町　Aさん
自宅準半壊・勤務先床上浸水
川辺川ダム反対。人は自然の一部であり，共存して生きていく方法を考えるべき。人吉市中心部の区画整備をし，観光地として魅力的なまちづくりのチャンスととらえて，早い段階で動き始めてほしい。川辺川にダムを造ればまちが死に，経済も死ぬと思う。川底を掘り下げたり，地下水路・地下貯水池など，可能な方法はほかにないのか考えるべきだと思う。

人吉市七日町　Aさん
自宅準半壊・勤務先床上浸水
一日も早く全ての人に復興して頂きたいです。洪水対策としては早く川床の掘削や堤防の強化をし，低い地域の方は移住，人吉市中心部は観光地としての大規模な改革計画をして欲しい。球磨川・川辺川には清流を保ってもらい，観光資源となってもらわないといけません。
よってダムは絶対だめです。
又，ダムでは洪水は防げません！

人吉市相良町Sさん　自宅半壊
被災後にわかに浮上したダム必要論におどろいている。
ダムありきで行政は動いていることに腹が立つ。
ダムによらない治水のための検証を行ってほしい。

人吉市下薩摩瀬町　Nさん　自宅全壊
まずダムで災害が防げるとは思いません。球磨川を見るとなんと土砂体積がそのまま手もつけられず，私たちが泳ぎ，ボート遊びをした球磨川の流れはありません。ダムより前に土砂の撤去を早くすべきだと思います。川と共に暮らす観光人吉こそ，今一番望みます。来人した友人達から山々，川の美しさを今でも言っています。
観光人吉こそ私は一番望みます。

人吉市北泉田町　Yさん
勤務先全壊／親族宅全壊
美しい川を遺して頂きたい

被災者の声　P6　人吉市内

Ⅱ　なぜ，激甚な災害に遭った住民がダム問題に取り組むのか　　55

> 人吉市七日町　Tさん
> 自宅床上浸水　車両　倉庫
> 観光としても歴史と伝統ある球磨川に人の営みが戻ることが今後の地域の再生に必要と考えます。

> 人吉市西間上町　Fさん
> 自宅勤務先一部破損　親族宅床上浸水
> ダムより先に早めに溜まった砂利や土を取り除く。川幅は広げられるところを広げる。土手堤防の嵩上げ。来年も来るかもしれないのでやれることを急いでやること

> 山江村山田甲　Kさん　勤務先全壊
> 水質日本一の川辺川を後世に残したい。人吉球磨の川との関係を考えていきたい。ダムではなく共存共生を目指したい

> 人吉市麓町　Aさん　自宅半壊
> 川の底をさらってほしい。住居の片付けがすんでないところへ調査して処理をして欲しい。

> 人吉市矢黒町　Tさん　自宅半壊
> 水害は永くかかる災害なので、末永く、目先のことばかりでなく、長い目で見ていただきたい。やりわいや事務処理は難しく、もっと簡素化して欲しい。
> 半壊とか全壊とかかかわらず、一度水に浸かったら同じです。

> 人吉市矢黒町　Tさん　自宅半壊
> 半壊の中でも家の中の状況が大規模半壊と変わらないのに、あまり家の状況が損傷していないところとひとくくりにされている所が納得いかないです。言葉では一部損壊とかで分けてあるように思えますが中身は変わらないように思います。わたしの家では7cmの壁（93cm）に泣きました。こういう人にも手厚い支援をお願いしたいです。こういう悩みがある中で、ダム建設などの話しがこんなに早くから出ることが不思議でなりません。まだ住民が住む家が見つからずいる中で考えられません。ダムの前にすること考えることはたくさんあると思います。

> 人吉市矢黒町　Sさん
> 自宅半壊・車両
> 川の土砂を早急に取って欲しい。

被災者の声　P7　人吉市内　山江村

III
川辺川ダムと流域住民の
取り組みの歴史

森 明香

　川辺川ダム建設反対運動の歴史をめぐっては，高橋ユリカや熊本日日新聞社，中島康や三室勇ら，土肥勲嗣や森明香など，ジャーナリストや記者，地元の当事者や研究者など様々な主体により，2008年9月11日川辺川ダム建設の白紙撤回までを論じた著作が少なからず存在する［高橋2009；熊本日日新聞2010；中島2010；三室ほか編2011；土肥2008；森2016］。2020年7月の豪雨災害以降には，豪雨災害の検証やそれまでの経緯を概観した論考も多く発表されている[1]。本章では，先行する著作に学びつつ，「清流球磨川・川辺川を未来に手渡す流域郡市民の会」（手渡す会）やそれに連なる流域住民の歴史的文化的背景に焦点を絞り，手渡す会が他の市民団体とゆるやかなネットワークを築きながら展開した事柄を紹介する。そのうえで，2008年9月以降の球磨川流域の治水計画をめぐる状況にふれながら，手渡す会の同時代の動きについて述べる。

　2009年から始まった「ダムによらない治水を検討する場」に対し，手渡す会は気候危機時代の豪雨が流域で降った場合を見越したシミュレーションの実施や対応の必要性を書面で伝えていた。それは，運動のなかで取り組む必要性に駆られた洪水調査を継続したことによって得た知見でもあった。かさ上げや浚渫といった個別具体の対策で採用されたものもあったが，たとえば2012年7月に生じた九州北部豪雨のような降雨をふまえたシミュレーションや検討がなされることは，ついになかった。そして迎えたのが，2020年7月球磨川豪雨災害である。以下で詳しくみていこう。

1 川辺川ダム計画前史

川辺川に大型ダムを造る計画は，熊本県・電源開発調査会「球磨川全域に渉る電源開発計画」(1952 年) に記されていた。同計画では，川辺川の上五木・頭地，球磨川の新橋 (市房)・神瀬・瀬戸石・荒瀬・古田の各地点にダムを築き 10 カ所で発電するとされ，1954 年に荒瀬ダム，58 年に瀬戸石ダム，60 年に市房ダムが建設された。

地元紙によれば各地点で水没地区住民らにより反対運動が展開され，なかでも頭地と神瀬は根強かった。頭地に計画されたのが川辺川ダムの前身だ。五木村の中心部を水没させる巨大ダム構想に対し，村を挙げたダム反対陳情や署名活動が展開され，絶対反対の姿勢を貫徹した[2]。ただ水没地区住民への補償と熊本県の財政状況の事情もあり，計画は具体化しなかった [土肥 2008]。

一度は立ち消えた川辺川のダム構想だが，1963 年から 3 年連続の大水害を契機に再浮上する。『熊本県災害史』によると，3 年間の球磨川水系流域の被害は死傷者 65 人，家屋全壊流失 1515 戸，床下浸水 3707 戸にのぼった。とくに 1965 年 7 月 3 日の水害は人吉市とそれ以降の下流に大きな被害をもたらし，「7・3 水害」と呼ばれ，地元に強い印象を残し続けてきた。洪水常習地で「洪水は年中行事」と語る流域の人びとからしても，ダム建設以前の洪水とは様相が異なっていた。その後の水害経験は，人びとにダムと水害との因果関係を強く印象づけていく [人吉大水害体験者の会 1998]。川の傍に住まう人びとからすれば，ダムは決してありがたいものではなかった。

だが 7・3 水害の直後，建設省はダム建設調査を開始し，寺本広作知事は川辺川に防災用のダムを建設すると言及する。流域に所縁ある県議 19 人が同調し，連名で政府に陳情した。1965 年 8 月には瀬戸山三男建設相が国会答弁で洪水調節ダムを川辺川に造る旨を答弁し，翌 66 年 7 月，治水目的とした川辺川ダム計画が，建設省によって正式に発表される。

2 水没予定地と川辺川ダム計画

川辺川ダムは総貯水量 1 億 3300 億万トン，完成すれば九州第二の規模と

なる巨大ダムで，計画発表当時，建設に伴い五木村中心部を含む 465 世帯，相良村 63 世帯の計 528 世帯が水没移転を余儀なくされる。治水ダムとして登場し，のちに利水・発電を含む多目的ダム計画となった。

　ダム計画が発表されると，五木村は県知事に即刻抗議し，議会で絶対反対を決議するなど村を挙げたダム反対の姿勢を示した。だが，「絶対反対」は決して一枚岩だったわけではない。1950 年代の相良ダム構想に比すればむしろ，条件付き闘争派が大勢だった。計画発表翌年の五木村村長選では，ダム反対派を破って条件闘争派の候補者が当選した。相良村にとって，待望の高原台地等への農業利水計画が治水をきっかけに動き出すのは，悪い話ではなかった。水没予定地を抱える 2 村が必ずしもかたくなな絶対反対ではなかったことは，当時の新聞記事からもうかがえる。

　また，条件闘争の方針がすべての水没地区住民に共感されていたわけでもない。たとえば中心部が水没する五木村では，村の行政機構と水没地区住民からなるダム対策委員会（対策委）が村民一体となったダム問題対応のため設置されていた。だが，1969 年以降熊本県による立村計画に関わる説明会が始まり，対する村からの基本的要求事項 55 項目の提示，そして事業実施に係る立入り調査の開始など，ダム問題が生活の場にも具体的に表れてくる中で，地権者や水没地区住民それぞれの立場の違いから，1973 年五木村水没者地権者協議会（地権協）を皮切りに，複数の水没者団体が組織化された[3]。地権協はダム建設に慎重な立場で，村から対策委への公金支出を住民監査請求で明るみに出し解散させ損害賠償請求を熊本地裁に起こしたり，建設省を相手取り「河川予定地指定処分の無効確認訴訟」「川辺川ダム基本計画取消訴訟」を提訴し裁判闘争を展開したりするなど，ダム建設史上最大の紛争・蜂の巣城闘争（筑後川水系，松原・下筌ダム）に学び九州や四国のダム建設地を訪ねるなど理論武装をしながら，徹底抗戦を村内外に示した。

　とはいえ，ダム計画に抗おうとする水没地区住民は少数派だった。地権協が裁判闘争に対処している間に多数を占めた条件闘争派の川辺川ダム対策同盟会が五木村水没者対策協議会と共闘して補償交渉を主導した。係争中だった 80 年秋に地権協以外の水没者団体が損失基準確約書を建設省と締結し，

Ⅲ　川辺川ダムと流域住民の取り組みの歴史　　59

翌81年一般損失補償基準が妥結されると，1982年には村長がダム建設同意，村議会もダム反対決議を解除した。他方で，集団移住地や代替農地の見通しのなさ，一定期間内に家屋などの移転を完了せねばならない被補償義務も相まって，妥結からわずか3年間で218世帯が村外へ流出する。思わぬ事態を受け地権協は，ダム建設に伴う生活再建に向けた建設省との交渉に着手し，村づくりへの全面的な協力を条件として1984年に訴訟を取り下げた。

後述するとおり，同時代の中・下流域にも川辺川ダム建設の悪影響を懸念する動きはあった。しかし土地を守ろうとする水没地区と川を守ろうとする中・下流域とが，ダム建設阻止のために共闘することはなかった。

Ⅵ章で詳述されるように，水没地区を抱える地域はダム建設と表裏一体の生活再建・村づくりが策定されたがゆえに，ごく一部を除き「ダム推進の急先鋒」と化していく。

3　中・下流域と川辺川ダム計画
1　球磨川の恩恵を受け続けてきた地域社会の経験に根差した動き

球磨川水系の中・下流域でも，1970年代から川辺川ダム計画に対する疑念の声は上がっていた。

人吉市では1965年7月3日水害の直後に被災者らが中心となった決起集会を行う機運があった[4]。多目的ダム建設による流域開発が国策だった当時にあって決起集会は立ち消えとなるが，伏流水や球磨川下り，川を借景とした温泉旅館など産業面で球磨川の恩恵に依る人吉市では，「球磨川を守る」ためのダム計画対策が早い段階から講じられていた。

1970年に人吉市議会に「川辺川ダム問題調査特別委員会」が設置され，「球磨川と自然を守る宣言決議」（9月）や「球磨川水量確保に関する決議」（12月）が可決された。委員会は，鶴田ダムや松原・下筌ダムなどを隣県の事例を視察し川下りをするなどして，ダム建設後に下流域がこうむりかねない弊害に関する調査を3年にわたって実施した。ダム災害や流量減少，河川環境の破壊といった実態を明らかにした後も，早明浦ダムなどの先行例や流量調査を重ね，科学的データを充実させていく。

1971 年，72 年と立て続けに大水害に見舞われた流域では，「市房ダム放水操作再び問題に　防災第一の体制を　『水害から守る会』署名運動始める」（『熊本日日新聞』1971 年 8 月 10 日），「"洪水調節を適正に"瀬戸石ダム被災者が決起集会」（『熊本日日新聞』1971 年 9 月 1 日），「浅くなった荒瀬ダム　水害常襲の坂本村鎌瀬」（1971 年 10 月 31 日）など，ダムが水害を増長させる存在だと中・下流域の市民に認識される事態が続いていた。

1980 年代に市議会特別委員会は「川辺川ダムに関する 6 項目」を編み，県・県議会や政府にたびたび陳情する。内水排除ポンプや河川改修工事のために，ダム反対を全面に押し出すことはしなかったが，永田正義市長は調査予算を組むなどして，ダム計画に対する市民の不安に応えようとした［高橋2009］。さらに，温泉旅館組合，くま川下り，球磨川漁協，商工会議所と「川辺川ダム対策協議会」を結成し，シンポジウムや街頭演説で球磨川の危機を市民に訴え，熊本大学と熊本商科大学（現・熊本学園大学）に依頼してダム建設がもたらす魚類への影響や，人吉の観光業の球磨川への依存度を学術的に明らかにするなど，官民が連携して精力的な活動を展開した［人吉市・熊本大学 1982；熊本商科大学・人吉市 1982］。

だが，官民連携で展開されたこうした活動は，1980 年代後半以降，下火になっていく。水没地区での反対運動の収束に伴い，「当事者が調印までしたのだから余計なことをしてくれるな」という外圧が強くなったという事情にくわえ，1987 年にはダム建設推進派の福永浩介市長が就任，翌年には「川辺川ダム建設促進協議会」が発足し，市議会特別委員会の委員長を地元建設会社のオーナーが務めるなど，市議会の動きは停滞していった。

入れ替わるようにして台頭したのが，流域の市民らによるダム反対の動きである。

1989 年 10 月，地元『人吉新聞』に「川辺川ダム計画の再検討を望む—凍結・中止の要なきや」と題する投書が掲載された。著者は，元小学校長で「くまがわ共和国」代表の池井良暢，のちの初代手渡す会代表である。

くまがわ共和国は，国鉄民営化に伴い廃線の危機に瀕した湯前線の存続と地域おこしを目的とした市民グループで，人吉市議会特別委員会の元委員

や，地域の環境問題に取り組む流域の市民らが参加していた。湯前線が第3セクターくま川鉄道として存続することが決まると，次なる課題として川辺川ダム問題を取り上げた。こうした文脈でなされた投書では，利水受益農家が直面する農業の危機的な状況を無視して進められる利水事業への疑問や，五木の山河を沈め川を生業とする人々に悪影響を及ぼす「役立たずのダム」計画を再考するよう，提起していた。

1991年8月から始まった『毎日新聞』熊本版の連載「再考・川辺川ダム」により，くまがわ共和国は手渡す会へと発展する。この連載を手がけた毎日新聞社人吉通信部の福岡賢正記者は，川辺川・球磨川の生き物や川の状態に関するフィールドノートにくわえ，ダムの目的について事実を一つひとつ洗い出し，限られたデータで実証できるものを積み上げた。当時郡市での『毎日新聞』の発行部数は千部以下だったが反響は大きく，清流の行方が気になり後にダム反対運動に携わるメンバーは熱心に読んでいた。1992年11月，「清流球磨川・川辺川を未来に手渡す会」（会長・野田知佑）が発足し，翌年には「清流球磨川・川辺川を未来に手渡す流域郡市民の会」（初代会長・池井良暢）へと発展的に組織替えをする。「再考・川辺川ダム」をテキストにダム問題の学習に取り組み続け，街頭署名や情報宣伝活動，地区単位でのミニ学習会や有権者の過半数に及ぶ署名を添えたダム建設見直しの陳情を市議会に提出するなど，精力的に活動を展開した。

90年代半ば以降，手渡す会を皮切りに，流域内外で多様な市民団体が発足した。「くまもとWATERネットワーク」，「川辺川利水を考える会」，「環境ネットワークくまもと」，「孫子に残そう清流球磨川じいちゃんばあちゃんの会」，「ダム問題を考える市民の会」，「やまんたろ♡かわんたろの会」，「人吉の農業を考える農家と市民の会」，「子守唄の里・五木を育む清流川辺川を守る県民の会」（県民の会），「クマタカを守る会」，「美しい球磨川を守る市民の会」（市民の会），「川辺川を守る東京の会」「福岡の会」「関西の会」，「球磨川大水害体験者の会」，「人吉市の住民投票を求める会」など，その数は51に及んだ。こうした数多の市民団体が，首長や事業者への意見書等を提出したりパレードや集会をしたりするなどしてダム反対を表明するととも

に，漁業権や利水事業をめぐる攻防では共同して漁業者や利水農家による運動を支援するなど，ゆるやかなネットワークを築いていった。

2 中下流域の市民運動を後押しした社会情勢

80年代末以降の球磨川流域の市民運動は，同時代の社会状況と呼応したものでもあった。

1980年代後半末から90年代は，環境問題や公共事業をめぐる政官業の癒着構造に対する社会的な関心が高まっていた。この時代を象徴する長良川河口堰問題では，漁業者による反対運動が終焉した1988年に「長良川河口堰に反対する会」による意見広告が新聞に掲載され，釣り師やアウトドアライターなど自然愛好家らが前面に立って第二次反対運動が始まり，全国的な広がりをみせていた。93年には公共事業をめぐり大手総合建設会社によるヤミ政治献金にもとづく贈収賄事件である"ゼネコン事件"が発覚し，日本社会を揺るがしていた。こうした経済事件をとおして，数十年前に事業化された不要な公共事業に巨額の予算が計上される内情を，市民は知ることとなった。国際的には，1992年環境に関する初の本格的な国際会議がブラジル・リオデジャネイロで開催され，当時の国連加盟国ほぼすべてが参加し，SDGsに連なるリオ宣言，気候変動枠組条約や生物多様性条約といった五つの宣言や条約が採択されるなど，歴史的な環境会議となった。

長良川河口堰問題が全国化するなかで各地のダム問題が顕在化され，実務的な専門家や各地の市民らにより，専門的な知見を含めて行政と交渉するダム反対運動の連絡組織である「水源開発問題全国連絡会」（水源連）が93年に首都圏で結成された。市民社会の動きに反して，80年代末以降も人吉市長と議会がダム推進姿勢を一層如実にするなか，手渡す会も水源連に参加するなどして国へのロビー活動を展開した。ダムは"無駄な公共事業"の典型だった［21世紀環境委員会1999］。

全国的な市民運動におされ，95年野坂浩賢建設相は「建設省としてダム事業を見直す」として，全国12カ所で「ダム等事業審議委員会」（ダム審）を設置した。川辺川ダム事業審議委員会は95年9月から毎月1回延べ9回開かれたが，市民の傍聴は認められなかった。手渡す会は他の市民団体と連

Ⅲ　川辺川ダムと流域住民の取り組みの歴史　63

名で意見書や抗議文を提出し続けたが，96年8月には「事業継続」が答申され，翌97年にダム本体着工の前提となる仮排水路トンネルの工事が始まった。同年，市民参加と環境への配慮をくわえた改正河川法が成立した。

超党派の国会議員で構成する「公共事業チェック議員の会」による公聴会が開かれ，議員同席の省庁行動や議員の会による現地視察もなされた。こうしたなか，手渡す会や県民の会の呼びかけにより「子守唄の里・五木を育む清流川辺川を守る東京の会」が発足する。学習会や鮎喰い大会を開催するなど球磨川の恵みとダム問題を在京の人にしらせつつ，ダム反対で上京する熊本からの市民をサポートした。

1990年代後半には，産廃施設や大型公共事業，原子力発電所立地の是非をめぐり，首長や議会の意思と住民の意識のずれを埋めようと「住民投票」の動きが各地で活発になった。なかでも徳島県吉野川第十堰の可動堰化をめぐる2000年1月23日住民投票運動の"成功"は，各地のダム反対運動に携わる人びとを勇気づけた。また，2001年に田中康夫長野県知事が発した"無駄な公共事業"を象徴する「脱ダム宣言」も，社会的な注目を浴びていた。同年に発足した淀川水系流域委員会は，改正河川法下で市民参加による河川整備計画策定に向けた先進的な取り組みとして，関心を集めていた。後年，淀川水系流域委員会の元委員たちと手渡す会は，脱基本高水治水研究会で交流を深めることになる。

こうしたなか，球磨川流域でも住民投票の機運が高まった。2001年1月には荒瀬ダムの弊害に長年悩まされてきた坂本村（当時，以下略）で水害体験者らが中心となって「坂本住民投票の会」が結成され，同年3月には人吉市でも地元の医師や女将，文化人らが呼びかけ人となり「人吉市の住民投票を求める会」が発足した。人吉市の住民投票運動では，手渡す会のメンバーの多くが署名を集める受任者を引き受けた。坂本村で1312人（有権者の25％），人吉市で約1万4600人（有権者の約半数）の署名を集めたが，共に議会の一票差で住民投票条例の制定は否決された[5]。

80年代末以降の球磨川流域の市民運動は，こうした歴史社会的な文脈のもとで展開していた。

3 「ダムの水はいらん！」という利水農家たち

　川辺川ダム問題をめぐりメルクマールとなる出来事の一つに，利水対象農家が裁判闘争を展開し，最終的に原告勝訴となった利水訴訟がある。

　当初は治水ダムとして計画発表された川辺川ダムは，のちに多目的ダム計画へと変更され，1984年には国営川辺川総合土地改良事業（利水事業）が農水省により告示された。

　利水事業の前身は，1970年代に構想された球磨郡相良村・深田村（現・あさぎり町）・錦町にまたがる高原大地を水田化する計画である。利水事業は，かんがい排水事業・区画整理・農地造成の三つからなり，とりわけ大きかったのが，川辺川ダムから取水して川辺川に沿って巨大なパイプラインを通す灌漑計画だった。太いパイプラインは国営だが，幹線から各々の田畑に引くための水路やポンプアップするための電気代などは，個人負担とされた。利水事業の対象面積は一市二町四村にわたったが[6]，その後農業情勢の変化を受け，1994年には3010haに変更計画が発表される。国営土地改良事業を行うためには，土地改良法に基づき，対象農家の3分の2以上の同意が必要である。問題となったのは，変更計画にあたって利水対象農家の同意署名を集めるプロセスだった。

　対象農家およそ4000人のうち3分の2以上の同意署名が集められたが，その内実は農水省からの指示で署名を集めに来た役場や土地改良事業組合の職員が必要な情報を伝えない，受益農家が強いられる費用負担について虚偽説明をする，「水が不要」という辞退希望の農家をだますなどして集めたものが多数含まれていた。死者の署名は70筆以上にのぼった。事情を知った利水農家ら450人以上が同意撤回文書を農水省に提出した。しかし農水省は村役場に農家を説き伏せるよう指示し，村役場は農家の立場に立たず，農水省の指示に従って再度同意署名を集めた。利水事業は対象農家一人ひとりの支出に影響し，場合によっては暮らしが立ち行かなくなるリスクさえはらんでいた。しかし農水省も村役場さえも，農家がこうむるリスクに対して無責任だった[7]。

　こうして集められた同意署名を根拠に，1994年農水大臣により変更計画

Ⅲ　川辺川ダムと流域住民の取り組みの歴史　　65

が決定された。その直後，利水対象農家およそ4000人のうち1144人が計画取り消しの異議申し立てを行うも，十分な意見聴取がなされずに，1996年3月に農水大臣がすべての異議申し立てを棄却・却下した。これに対し，利水農家866人が原告となり，同年6月に異議申し立て棄却決定取り消し訴訟を熊本地裁に提起した。補助参加も含めると，対象農家の半数を超える2100人以上の農家が，変更計画の取り消しを求めたことになる。

　利水事業の対象市町村首長は事業推進の立場だったため，変更計画取り消しを求める利水農家はさまざまな形での圧力にさらされた。その一方で，公正性・合理性に欠けた事業に対し，声をあげ続ける利水農家らにより「多良木町北部利水を見直す会」「川辺川利水を考える会」「人吉の農業を考える農家と市民の会」が発足した。異議申立てをする農家の掘り起こしや広報・傍聴などで支援していた「手渡す会」「県民の会」ら市民有志による「川辺川利水訴訟を支援する会」も結成された。支援の一環で97年以降，毎夏「川辺川現地調査」が実行委員会形式で開かれ，今も続いている。

　訴訟では，12回の口頭弁論や出張尋問は回を重ねるごとに手続きの不備が明らかになった。それにもかかわらず，2000年9月の地裁判決では，行政の幅広い裁量権を認めて原告が敗訴となる。当時の紙面には「社説　川辺川利水訴訟　事業見直しの必要ないか」「国に寛容，原告に厳格　川辺川利水訴訟判決　事業の“在り方”不問に」「『死者の同意』は容認？　谷農水相，事業推進に自信示す」（『熊本日日新聞』2000年9月9日）などの見出しで，判決が市民感覚とズレている旨を報じていた。

　当然，原告側にとって納得できる判決ではなかった。原告の9割弱だった760人が，福岡高裁へ控訴する。原告団と弁護団は，一審以上の大規模な調査に踏み切り，半数にとどめていた同意の確認調査を，全対象農家に広げて実施した。手渡す会をはじめ数多くの市民団体メンバーも，調査員として実働部隊を担った[8]。

　そして2003年5月，事業の同意率が法定の3分の2以上に達していないことが司法の場で認められ，原告側は逆転勝訴する。1300人以上の署名偽造なども明らかになり同意率が認定されたことから，農水省は上告を断念

し，農業用排水事業および区画整備事業に対する異議申し立て棄却の取り消しを余儀なくされた。

農水省は新利水計画策定を試みるなかで，最終的にダムから利水事業を切り離した。2023年1月27日，着手から40年を経て，利水事業の完工式があさぎり町で行われた。完工式に出席した川辺川ダム推進派の政治家からは恨み節が相次いだという。事業の大半を占める灌漑は廃止し，農地造成も規模を大幅に縮小した。当初3590haだった最終的な事業規模は198haだった。完工式を取材した記者中村勝洋は利水事業の歴史を振り返りながら，次のように評している。

「事業が頓挫した大きな原因は，国が巨大な計画を実現するため水を望まない農家まで巻き込み，十分な合意形成をせずに推し進めたからではないか。水を待ち続ける間に高齢化し，理想としていた営農をあきらめた農家もいる。真に『農家のための事業』という原点が守られていれば結果は違っていただろう」。[9]

4　漁業権をめぐる攻防

ダム本体の着工では，水没予定地の同意とその流域の漁業権の消滅が重要になる。川辺川ダムをめぐっては球磨川漁業協同組合（以下，漁協）が漁業権を持っていた。

球磨川漁協はダム絶対反対を基本とした対応をとってきた。藩政時代より御用鮎として所望された良質な鮎が豊富と名を馳せていた球磨川の漁協である。30人の小組合が2，3カ月のみ行う瀬張漁で1500貫（5625kg）の漁獲高で，日雇い賃金が200円に満たなかった時代に120万円の漁収をあげていた［三室ほか2011］。作家で釣りの名人の佐藤垢石は，川辺川の鮎を「日本一の鮎」と評した［竹下編1989］。だが，荒瀬，瀬戸石，市房のダムや連続堤防など河川構造物により激変した河川環境では漁獲量や品質への影響は大きく，球磨川の漁業をはじめ流通など鮎漁に関連する産業に従事する人々にとって死活問題だった。

一方，水没予定地の補償交渉があらかた落ち着いた1990年代になると，国にとって漁業補償の締結は，ダム本体着工に向けた終盤の法的関門だっ

た。そして球磨川の漁業が衰退するなかで，補償金に期待をかける組合員も少なくなかった。

1999 年 5 月，国交省は漁協に補償交渉を申し入れる。漁協理事会は反対多数で補償交渉を否決，続けて申し入れのあった魚族調査も否決した。しかし，8 月にダム容認勢力からの開催請求を受けて開かれた臨時総代会で，川辺川ダムの補償交渉を開始する議案が提起された。総代会とは，八代部会（八代市）・下流部会（旧坂本村，芦北町）・下球磨部会（球磨村，人吉市，山江村，錦町，相良村，五木村）・上球磨部会（あさぎり町，多良木町，湯前町，水上村）の四部会のべ 1800 人あまりの組合員のうち，各地区代表である総代 100 人からなる漁協の意思決定機関である。臨時総代会は大もめとなった。

最終的に，絶対反対を前提としつつ話し合いの開始に踏み切るとされ，理事会は補償交渉委員会を設置し，ダム絶対反対からの軟化を内外に印象づけた。これ以降，ダムをめぐる臨時総代会が十数回開かれ，賛否をめぐって激しい攻防が展開されていく。

手渡す会は，美しい球磨川を守る市民の会や県民の会らとともに，川漁を生業とするダム反対派組合員のため，漁業法の専門家である明治学院大学の熊本一規氏を臨時総代会の直前に講師に招き，勉強会「ダムと漁業権」を実施した。熊本氏は「漁業権は漁民一人ひとりが持つもの」として，共同漁業権の法解釈を説いた。当時，下球磨部会の理事で中立の立場だった小鶴隆一郎氏は次のように述懐する。「先生の話の中で『補償を受けるのは漁協ではなくて漁民である』，この言葉が一番印象に残っています。（中略）ここでの初めての熊本教授との面談がダム反対の引き金となっていくのですから，人との出会いは人生そのものだ」［三室ほか 2011：32］。

ダム容認派が漁協内で勢力を拡大する一方で，ダム反対派の組合員は1999 年 9 月に「川辺川・球磨川を守る漁民有志の会」（漁民有志の会）を結成した。切り崩しや脅迫行為により翻意を迫る容認派に対し，漁民有志の会は手渡す会ら流域内外の市民団体からの経済的・人的支援も受けながら，ダム反対の姿勢を貫いていく。

2000年になると，下球磨部会が実施した補償交渉に関するアンケートを発端に，ダム容認派がさらに攻勢を強めるようになる。アンケートは「強制収用になり裁判で決着するか，座り込みなどの実力行使をするか，補償交渉に応じるか」といった補償交渉に誘導しようとする設問が目立った。封をせず回収されたものも多く，当時人吉地区の理事を務めた小鶴氏によれば80％が補償交渉に応じる，という集計結果だった。

ダム容認派は下球磨部会でのアンケート結果を根拠として，補償交渉に入るよう理事会にはたらきかけた。理事会が「漁協全体の総意ではない」として下球磨部会からの要求を否決すると，今度は理事の解任を求める臨時総代会を請求する。県を巻き込んだ応酬を重ねて開催された8月の臨時総代会では，理事会の構成は容認派9人に対して反対派2人となり，組合長にはダム容認派が就任した。この総代会で補償交渉委員会が設置され，国交省との補償交渉が具体化していく。そして2001年2月，漁業補償案を16億5000万円とすることで合意する。

だが，漁協には依然としてダム反対の組合員が一定数存在していた。臨時総代会直前の組合員全体に対するダム賛否を問うアンケートでは，反対と賛成との比率が611対420だった。また，市民社会も漁協内の動きを注視していた。漁業補償案が報道されると，川辺川を守りたい女性たちの会は「たった16億円余りで川を売らないで，私たちが鮎を買うから川を守って」と尺鮎トラスト運動を展開した。諫早干拓事業に伴う有明海の異変など，漁業被害への社会的関心が高まっていたことも後押しして，全国から注文が相次いだ。八代海沿岸漁協はダム反対決議を行った。手渡す会もダム反対の市民団体と共に，圧力をかけられている組合員への激励や理論武装に向けた専門家によるバックアップ，一口1000円／月を賛同する市民から募った活動資金「駄目ダム基金」を設立するなど，様々な市民団体が物心両面の支援を展開した。ダム容認派による容赦のない切り崩し工作を防ぐため，市民も身を削って支えようとした。

ダム反対派は総代や組合員を地道に戸別訪問し，翻意せぬよう勇気づけて回り，もしもの時に備えて新たな漁協を立ち上げることも視野に，坂本村川

Ⅲ　川辺川ダムと流域住民の取り組みの歴史　69

漁師組合，八代川漁師組合，球磨川上流川漁師組合，下球磨・芦北川漁師組合を立ち上げた[10]。ギリギリの攻防が続いていた2001年11月，漁協の総会で漁業補償案は否決された。99年の補償交渉否決に次ぐ二度目の「決裂」だった。

　二度にわたる否決を受け，潮谷義子知事は国に改めて説明責任を果たすよう求めた。だが，国交省は漁業補償に応じない漁協に対して収用裁決の手続きを進め，扇千景国交相は躊躇なく事業認定を行った。潮谷知事は不快感を示し，一連の出来事が「住民討論集会」の開催へと帰結する。

　漁業権をめぐる闘いの舞台は熊本県収用委員会へと移され，2002年1月，漁業権と土地と双方の強制収用について審理が始まった。漁業権をめぐっては，共同漁業権に基づいて権利を主張する者，漁協，事業者の三者がそれぞれ意見書を提出していた。土地をめぐっては，手渡す会有志が「つんつん椿の会」を立ち上げ，「業者を使って墓場を荒らす」といった国交省の強引な土地収用に抗う権利者を支援した。やがて利水訴訟で原告勝訴の判決が出たことが決定打となり，2005年8月，収用委員会は国交省に対して申請取下げを勧告。国交省は申請を取り下げるよりほかなかった。川辺川ダム計画は実質的に白紙となり，翌年から改正河川法に則った河川整備方針策定に向けた手続きが進められていくことになる。

5　豊かな生態系を育む環境を守る取り組み

　川辺川流域では，環境省のレッドデータブックに絶滅危惧種と指定された種もみられる。大型猛禽類のクマタカはその一例だ。

　川辺川ダムサイト付近にクマタカが生息していることは，以前から知られていた。『毎日新聞』「再考　川辺川ダム」の報道を受け，建設省川辺川工事事務所（当時）は1994年3月から，コンサルタント会社に委託してクマタカの営巣調査に着手し，ダム工事の影響を直接受ける場所で営巣が確認されれば人工的な移転も検討するとしていた。調査の末，川辺川ダムサイト付近の原石山（採石予定地）でクマタカ営巣が確認され，コンサルタント会社の報告資料にはその旨が明記された。だが，1996年川辺川ダム事業審議会（ダム審）の検討資料には，クマタカ営巣に関する記述はなかった。

ダム審の答申が出された10日後の8月20日，ダムサイトから3キロ以内の原石山で確認されたクマタカ営巣を，建設省は把握しながらダム審に報告していなかったと，朝日新聞が一面で報じた。クマタカは種の保存法で政令指定されており，生息が確認されれば生息地保護のために周辺での開発行為は制限を受ける。「隠す意図はなかった」。着工に前のめりな建設省の弁明は反感を買った。それでも建設省は，抗議し情報開示を求めた市民に対し，「一切出せない」と突っぱねた。こうした事態を受け，96年11月，市民によるクマタカの観察調査が持ち上がった。

　調査は，自然観察指導員熊本県連絡会・日本野鳥の会・県民の会・手渡す会の有志らによる「熊本県クマタカ調査グループ」が担った。クマタカ調査の第一人者である日本自然保護協会メンバーの支援を受けて，無線の免許を取り，個体識別の方法やスケッチの取り方，行動の意味など記録の方法を1年かけて学んだうえで，クマタカの生活サイクルに合わせて1年サイクルでの調査を重ねた。クマタカ調査を牽引したつる詳子氏は1年で50回ほど，ほぼ毎週朝6時に現場入りした。「クマタカを，ちらとでも見ることができるのは，1日に数回。観察できたクマタカの模様や特色，飛行コースを記録用紙に書き入れ，山の植生のスケッチなどもする。未識別のものは，記録にカウントしないなど厳密なルールで，膨大な時間がかかる作業を粘り強く続けた」[高橋2009：130]。

　3年がかりで集められたデータは「〈中間報告〉熊本県川辺川クマタカ生息現況調査——川辺川ダム開発計画が繁殖地に与える影響」として1999年12月に発表され，原石山一帯がクマタカ繁殖のテリトリーになっている現実を浮き彫りにした。ダムサイトの藤田谷でペアが繁殖に成功しているがその頻度は数年に一度でしかなく，クマタカにとって安心できる環境ではなくなりつつあること，原石山付近で採餌行動の60％を占めるため，このままダム建設が始まれば生活圏が失われることを，明らかにした。

　調査グループは，調査結果を建設省の調査結果とすり合わせたうえで，影響評価・保全対策について猛禽類専門家の関与のもとで検討するよう求め，最終的に原石山の利用を中止させた。その後も，自然保護協会や九州大学探

Ⅲ　川辺川ダムと流域住民の取り組みの歴史　　71

検部の協力を得て水没予定地にある九折洞の希少種の生息調査，球磨川と川辺川の鮎の比較調査などを積み重ねた。こうした取り組みの経験は，環境アセスを求める15万人弱の署名集めや，住民討論集会での「環境」の論客へとつながっていく。

6 住民討論集会がもたらしたもの

2001年末から，国を中心とするダム推進派と市民らを中心とするダム反対派とが議論を交わす「住民討論集会」が始まった。オープンな場で毎回数百から数千人規模の参加により実施された住民討論集会は，テレビで録画中継され県民世論の喚起に寄与するなど広く社会的な関心を集めた。流域の市民が川の傍での暮らしで培った清流保全を前提とした減災のあり方を言語化するための場としても機能した。手渡す会にとっては，住民討論集会と森林保水力の共同検証は，流域をフィールドとした本格的な市民調査に取り組む契機ともなった。開かれた場での公正な議論の機会は，市民科学を鍛えた。こうした点で，住民討論集会は川辺川ダムをめぐる流域の市民運動の歴史のなかで大きな意味をもつ。

住民討論集会の開催を決めたのは，潮谷義子知事である。先述したとおり，利水訴訟の控訴審が係争中だった2001年末，球磨川漁協の二度にわたる漁業補償案否決と，安価で有効な治水策が民間団体「川辺川研究会」から示されたことがきっかけで，県知事として川辺川ダム建設の是非を判断するために推進・反対双方の言い分を聞こうとした。県がコーディネーターとなって公衆の面前で双方が主張の根拠を示し質疑を行う形で，2001年末から2003年にかけて，治水と環境をテーマに計9回行われた。

国交省はダムがいかに最良の方法か，反対派はいかにダムが不要か，それぞれ専門家を巻き込み論陣を張った。大きな予算をもつ国交省に対し，反対派は手弁当だった。治水をめぐっては，洪水防御計画の基本となる洪水の規模を示す「基本高水」の算出法や数値が争点となった。球磨川の場合，2日440ミリの雨量で流れる川の水の量が「基本高水」となる。基本高水を算出する計算方法はさまざまだが，国交省は単位図法を使って人吉地点で7000t/秒とした。一方で反対派は，単位図法は旧式で信頼性が低いとして

流量確率法を使って計算し，複数の数値が挙がるなか，余裕をもって6350t/秒，とした。堤防を越えずに流れることができる現況河道流量を国交省は4000t/秒とみなしたが，市民らは人吉市街地の堤防が完成し82年には最大で約5400t/秒の洪水が流れたことをふまえ，川辺川ダム規模の大きな貯水施設は不要で河床掘削や部分的なかさ上げで事足りる，というのが基本的な姿勢だった。

　市民らは上流の山の状態も考慮した。計画が発表された1960年代の上流域にははげ山が多かったが，その後森林が育っていた。天然林と人工林，人工林でも適切に手入れされたものと放置されたものとでは保水力が異なりうることも，市民らは指摘した。だが国交省の「基本高水」は，それらを加味していなかった。いわゆる森林の保水力を数値化することは難しく，森林の状態に伴う保水力の差異に関する実証的なデータは学術界にも不在で，基本高水をめぐる議論は平行線をたどった。そして9回目の住民討論集会で，県により「森林保水力の共同検証」が提案され，調査や検証の方法を協議することを前提に2005年まで取り組まれることになる。とはいえ現実に流域の山林で2日間440ミリ規模の人工雨を降らせて保水力を調査することは難しく，降雨時にビデオ記録を撮ることになったものの，調査地選定をめぐる合意に難航し，なんとか合意にこぎつけた五木村内の調査地で2004年から05年にかけて調査を実施した。結局，装置の目詰まりなどで確実なデータはとれず，「森林の状態が悪ければ雨が浸透せず地表を流れる“ホートン流”はある」という結果を得て打ち切りとなった。

　議論は並行線，検証は中途で終わった住民討論集会と共同検証だが，反対運動にとっての意義は大きかった。反対派は基本高水の数値や算出方法の国側の瑕疵を指摘するために，基本高水の概念そのものを学んで自らの主張に見合う論を展開せねばならなかった。基本高水について徹底的に学び，数少ない専門家の協力者に基本高水の計算を依頼したが，示された数値はすべて異なっていた。基本高水は知るほどに，流域の住民生活で体感する川や洪水の実情とはかけ離れた概念だった。それゆえにこれらの経験は，ダム建設の根拠とする基本高水に正当性がないこと，既存の研究成果や概念では生活実

Ⅲ　川辺川ダムと流域住民の取り組みの歴史　　73

感に基づく川の保全と減災の知恵とを実現できないことを，市民が実感する またとない機会になった。国交省の主張と，川の傍に住む人びとの実感との 間には埋めがたい距離があった。

　住民討論集会と共同検証を通じて得た経験を原資に，手渡す会はその後， 独自のフィールド調査を重ねて降雨と洪水，降雨と水害との関係を検証して いった。一つは洪水の検証である。2004 年から 2005 年，2006 年，2008 年 と，立て続けに記録的な降雨があり，「2 日間で 440mm」と同規模の雨量が 観測されたのだ。手渡す会は雨のなかフィールド調査に赴き洪水の増水状況 を記録し，上流の崩落や林道が開かれた山の斜面のあちこちから溢れるおび ただしい量の地表流，中流の冠水状況など，上流域から下流域まで調査して まわった。雨量や調査地点の河床状況などのオープンデータもふまえて分析 を深めて，降雨量と流量との関係やエリアごとの洪水と被害状況に関する検 証レポートにまとめあげ，要望書として提出した［戦後日本住民運動資料集成 11 第 9 巻］。一連の洪水調査から明らかになったのは，440mm 以上の流域雨 量でも最大流量は大きくて 4500t/ 秒程度で，国交省が主張する 7000t/ 秒に は及ばないという事実だった。

　また 2005 年洪水ではこれまでにない川辺川の濁水長期化を受け，国交省 と漁業者との共同調査が行われた。手渡す会も独自にフィールド調査や流域 住民への聞き取りに取り組み，河床の土砂堆積や濁りの状況，崩壊箇所を調 べた。地点ごとの濁度や土砂の堆積状況，崩壊箇所などを根拠に，漁業者と 市民は川辺川上流にある朴木と樅木の穴あき砂防ダムが主要な原因だとする 見解を示した。他方で国交省は，砂防ダム上流の堆積土砂と濁水の発生を認 めながらも，山地崩壊が主な原因であるとした。ほかにも，2006 年には県 民の会らが水害被災者を対象とする聞き取り調査で被災状況やどのような水 害対策を望むかを尋ね，回答を得た 68 戸のうち 66 戸がダム以外の水害対策 を希望するという実態を明らかにした［中島 2010］。暮らしのなかで川を見 つめてきた流域各地区の市民の話を聞いて回り，現場を見ては得られたデー タを検証するという経験は，生活実感に基づく川認識の確かさとある面での 曖昧さを，調査に参加した市民に実感させた。同時に，確かな観察とオープ

74

ンデータを用いた検証とに基づく知見を精緻化するなかで，河川改修や林道敷設など流域の開発が，豊かな生態系を育む清流球磨川・川辺川を壊してきたことを，再認識させた。

住民討論集会を契機に本格化した市民調査は，2009 年から始まる「ダムによらない治水を検討する場」に提出する一連の要望書や提案へと連なっていく。手渡す会にとっては，2020 年 7 月の豪雨災害をめぐる市民調査の起点でもあった。

4　川辺川ダム"白紙撤回"とその後
1　球磨川水系検討小委員会が定めた基本方針と流域の反応

2003 年利水訴訟の原告勝訴により多目的ダム法に基づく川辺川ダム計画はその大義を失い，2005 年収用委員会による収用申請取り下げ勧告はダムの事業目的が成り立たないことを示していた。そのため 97 年改正河川法に則って球磨川水系の河川整備基本方針を定める必要が生じ，「社会資本整備審議会河川部会・球磨川水系検討小委員会」（検討小委）で 2006 年 4 月から約 1 年かけて議論された。建設省 OB の近藤徹氏が委員長を務め，地元からは福永浩介人吉市長と潮谷義子知事が委員として選任された。住民討論集会での争点や議論は考慮されず，従来通りの説明を繰り返す国交省に対し，潮谷知事は異議を申し立てた。検討小委は住民討論集会を追体験すると言明したものの，実際には森林の保水力をめぐる論点は深められず，2004 ～ 06 年の豪雨と洪水実績は考慮されなかった。さらに，それまで「絶対」としていた 2 日間雨量 440mm で基本高水 7000t/ 秒について，十分な説明を欠いたまま 7 月の第 4 回検討小委で，12 時間雨量 262mm，1972 年 7 月洪水をモデルに流量確率法へと変更した。計算方法もデータも変わったが，基本高水は従前通り 7000t/ 秒だった。

第 10 回検討小委では，潮谷知事の「ダムを前提として環境を議論することは問題」との提起を無視した挙げ句，委員長が突如「八代海にまでダムの影響があると考えたら，穴あきダムなら，かなりよくなるのでは」と穴あきダムの検討を投げかけた。「住民討論集会の追体験」を標榜するわりに，川

辺川の穴あき砂防ダムによる濁水への影響といった現地の状況に，霞ヶ関の検討小委の大半は無関心だった。

潮谷知事は県民への説明責任を盾に，"徹底抗戦"した。川辺川ダムを前提とした基本方針を各委員らが「概ね妥当」と口をそろえるなか，「県民に理解を得られるか疑問があり，了承し難い。この案で取りまとめるのならば，地元の知事として，私の意見を併記してほしい」と抵抗した。答申案として河川分科会での審議に諮られた際にも，意見が割れ反対が過半数を占める熊本県内の実情をふまえてほしいとして，「流域は変化したのに，なぜ40年前の計画と同じなのか」と疑問を呈し，「了承し難い。併記は，閣議決定でも認められていること」と粘った。

一方，地元知事に対する他の委員の対応は冷ややかだった。「いつまでも引き延ばして決断しないのは間違い」（岸由二慶應義塾大学教授），「知事は文系出身だろうからわからないんだろうが，この方針案は現在の河川工学では最先端のもの」（虫明功臣福島大学教授），「知事が駄々をこねているが，ダム反対，賛成の割合がどうであろうと最終的には科学に基づいて決めるべきだ」（山岸哲㈶山階鳥類研究所所長），「（行政が果たすべきとされる）説明責任とは，重要な事柄を合理的に伝え，伝えられた側も合理的に判断すること」（桜井敬子学習院大学教授）などの発言が相次ぐなか，潮谷知事は「治水のあり方について依然として県民の意見の一致をみていない。私自身も納得していない」と孤軍奮闘を続けた。だが，西谷剛分科会長の意向で知事の意見併記は認められなかった。

ダム反対の市民メンバーは，高齢者もいながら毎回ワンボックスワゴンに乗り合わせ，あるいは飛行機で熊本から駆けつけ，在京の支援者らと潮谷知事の姿を見つめていた。当時東京在住だった筆者も傍聴し，何度も唖然とさせられた[11]。

2007年5月に基本方針が策定されると，「くまがわ・明日の川づくり報告会」（川づくり報告会）が11月までに，流域市町村にくわえ，熊本市と山鹿市との計53カ所で行われた。説明会では数多の意見が出された。

「基本高水流量7000t/sという値はどのくらいの数字か掴めない。この場

所までは浸かる。など分かりやすく説明してほしい」(神瀬地区),「洪水を遊水させるのは治水手法の一つだが, 渡地区がまさにその遊水地のような状況になってしまっている。内水対策を進めてもらいたい」(渡地区),「市房ダムの洪水調節効果の説明は, 昭和57年水害の増水と減水の早さ等を見た経験からどうしても納得できない」(一勝地地区),「小委員会資料で我々が出した意見書を『心情的な反対意見』として整理されたことは非常に失礼。訂正願いたい」(相良村),「小委員会の委員や河川分科会の審議員は球磨川流域を見たのか。球磨川の環境や堤防整備の状況などを知っているのか。川のことを一番よく分かっているのは, 川のそばで川と付き合いながら生活をしてきた地域住民のはず。地域住民の声を委員の人たちは聞いたことがあるのか。国交省が示した資料・情報だけで審議されただけではないのか」(人吉市大畑・矢岳校区),「小委員会に対して, 地元住民として毎回多くの意見を出したが, 何一つ意見が取り入れられていない」「小委員会の発言議事録に委員の名前が載っていないのはおかしい」(人吉市東校区)。

　報告会には, 手渡す会や県民の会のメンバーが複数の会場に足を運び, 発せられる意見に耳を傾けていたが, 川の恩恵も厳しさも知りながら川の傍に暮らしてきた人びとらしい発言が相次いだ。53会場の参加者は約1400人で, 発言者887人のうち, 川辺川ダムが必要だと発言した人はわずか4人だった[12]。潮谷知事が「了承し難い」とぶつけた疑問の数々は, 流域の市民や県民が共有するものでもあった。

2　新たな知事と流域首長による「ダム白紙撤回」表明

　改正河川法では, 河川整備計画の策定に先立ち, 知事の意見を聞くとされている。潮谷義子知事は県民主義の立場を貫き, 自分の言葉でダム問題を議論すべく現地を訪ね水没地区の人びとの声を聞き, 県庁職員から流量計算等のレクチャーを受け, 技術史・河川史に造詣の深い河川工学者・大熊孝氏らの著作に学び, 2期で勇退した。川辺川ダムをめぐり国に「県民への説明責任」を求める姿勢は, 歴代知事で初めて「中立」に舵を切るものだったが, 双方から罵倒を受ける立場でもあった。だが潮谷県政は, 川辺川ダム建設をめぐる諸問題の論点に関する情報開示を進め, 流域の市民調査を促す土壌を

Ⅲ　川辺川ダムと流域住民の取り組みの歴史　　77

整えた。確かな情報と公正・公開の議論の場こそ合意形成には不可欠だと，多くの県民に実感させた。民主主義社会を鍛える大きな功績を残したといえるだろう。

　潮谷知事の不出馬宣言に伴い名乗りを上げた5人のうち4人が，ダム反対を掲げた。2008年4月知事選を制したのは，唯一中立を掲げ「第三者機関による科学的な検証を踏まえ，半年後に決断する」としていた元東京大学教授の蒲島郁夫氏だった。同じ頃，球磨川流域でも首長がダムに対する立場を表明する意向を示した。最大受益地・人吉市では07年田中信孝氏が，ダムサイト・相良村では08年徳田正臣氏がそれぞれダム「中立」の立場で当選していた。田中市長は公聴会等を開いて市民の声を聞き，徳田村長は村政座談会で村民の意向を探った。「反対」の世論は大きかったが，ダム推進を崩さぬ国交省と政官業の強固なつながりから，見直しは困難にもみえた。さらに，蒲島知事は潮谷知事時代に決定した荒瀬ダム撤去の凍結を，2008年6月唐突に発表し，ダム反対の市民から猛反発を受ける。最終的には2010年に再度撤去へと舵を切るものの，ダム反対の市民からは，合意形成を軽んじる知事の姿勢，とみなされた。

　ダム建設を前提とする基本高水が基本方針で定められたものの，ダム建設を明記した河川整備計画は未策定ゆえに，ダム賛成・反対双方の立場にとって正念場でもあった。双方の大規模な集会や意見書提出が相次ぐなか，まず徳田村長が8月29日に「現時点では容認しがたい」と表明する。ダムの必要性に関する説明不足と穴あきダムの唐突な提案など，是が非でもダムを造ろうとする姿勢に疑問を呈し，河床掘削など代替策にふれつつ「ダムは決定的に川を死なせてしまう。観光面でもダムがない方がプラス」と指摘した。9月2日には，田中市長が市議会で「治水目的のみならば，計画そのものを白紙撤回し，河川法に則り地域住民の意見がよく反映された治水対策を講じるべき」と表明した。ダムの地域経済効果よりも人吉球磨の自然を生かし切った経済施策と恒久的な効果の追求，水害被害者によるダム治水の危険性を訴える声や民意の尊重，やせ衰えた球磨川水系の自然環境再生を求め，ダムにより分断された水没地区のむらづくりへ最大限協力すると明言した。

大きな注目が集まるなか，蒲島知事は 2008 年 9 月 11 日の県議会で，「川辺川ダムを白紙撤回し，ダムによらない治水を極限まで追求すべきであると判断した」と表明する。「人吉・球磨地域に生きる人びとにとって，球磨川そのものがかけがえのない財産であり，守るべき『宝』なのではないか」と，知事は地方独自の価値観を重んじることを決断の大きな理由に挙げた。くわえて，「国交省は住民が提起する河床掘削や遊水地設置の代替案について，できない理由を述べるに止まっている」，「穴あきダムの提示も唐突であり，熟慮の結果か疑問を禁じえず，是非を判断できるものではない」として，ダムによらない治水を徹底的に検討していると市民が評価しない以上，巨額の税金を費やす現行のダム計画は認められないとした。半年間の有識者会議，流域の市町村首長や住民に対する公聴会を経て，中央集権的な川辺川ダム計画に対し，「真の地方自治の実現」と「地域独自の価値観を大切にする機運」を盛り上げていくことの重要性を訴え，異議を唱えたのである。

　豊かな生態系を育む清流球磨川・川辺川を守ろうとした手渡す会を含む全国の市民は，「球磨川を守るべき"宝"」と知事が位置づけたことを，心から歓迎した。手渡す会が独自にフィールド調査を重ね，「住民が求める水害対策」を追求し続けてきたのも，豊かな生態系を育む「宝」の川を破壊しないあり方を求めたがゆえだ。『熊本日日新聞』と熊本放送の緊急アンケートでは，県民の 85 ％が知事の表明を支持すると回答した。2008 年夏に相次いだ首長たちによる「白紙撤回」表明は，長きにわたる川辺川ダム反対運動の集大成だった。

5 「ダムによらない治水を検討する場」の内実

1 「極限まで検討」の顛末

　2009 年 1 月，国交省と熊本県により「ダムによらない治水を検討する場」（検討する場）の初会合が開かれた。川辺川ダム以外の現実的な治水対策を「極限まで検討」することを目的に，構成メンバーを九州地方整備局長（国），熊本県知事（県），流域首長（市町村）として，会場と別室モニターを含む一般傍聴席も準備された。蒲島知事は「今こそ知恵を出し合い，地域の

価値観を生かしたダムによらない治水対策を検討する絶好の機会」とあいさつした。第2回から4回までは，河床掘削や堤防のかさ上げ，引堤や遊水地，市房ダム改良などを組み合わせる治水策が熊本県により示され，市町村への個別ヒアリングをふまえて絞られた治水対策案を実施した場合の洪水シミュレーションを，国交省が説明した。

　2009年9月，川辺川ダム中止を政権公約で掲げていた民主党による政権が誕生すると，前原誠司国交相は川辺川ダム中止を改めて表明する。その翌月の第5回では，第4回までのとりまとめとともに，八代市の堤防補強・中流部の宅地かさ上げ・河床の堆砂の浚渫・避難体制の強化や市房ダムの放流方法の変更・中流域の堤防未整備地区の整備など「早急に治水安全度・地域防災力を向上させる」ため直ちに実施・検討する対策と，遊水地の設置や放水路の整備など「治水安全度を一層向上させる」として社会的・技術的・経済的側面から実現可能性について検討する対策とが国交省から示された。それまで県の提案に対してシミュレーションを示すなど受け身の姿勢に徹していた国交省が，計画中止をふまえて初めてダム以外の具体的な治水策を提示した。第6回では前者を実施したシミュレーションの結果が，第7回では「直ちに実施」とされた11事業の費用が，第8回では「球磨川における治水対策の基本的考え方」（案）が示された。「五木村の振興と治水対策を一体で考えるべき」との意見があったことを受け，国・県・村で協議を重ね三者による合意を経て開かれた第9回では，個別地域の状況をふまえた検討のため新たに「幹事会」を設置し，実務レベルの議論を展開するとされた。

　幹事会では，「直ちに実施する対策」に追加する項目の具体化が図られた。遊水地の候補地と貯水量の検討と市房ダムの再開発，川辺川の治水対策として連続築堤や輪中堤，引き堤や河床掘削箇所について検討され，ダムの洪水調節量を拡充するための市房ダム利水者との協議や6カ所約110haの遊水地の詳細な候補地に関する流域12市町への意見照会もなされた。ただ，これらを追加しても，戦後最大規模の豪雨などで人吉市や球磨村，あさぎり町の一部で氾濫リスクがある，とされた。

　約2年間で5回の幹事会を経て再開した第10回検討する場では，関係市

80

町村の議会と市民に対する説明会の要望が出され，2014年6月から9月にかけて市町村議会議員向けに6回，8市町村の市民向けに10回説明会が開かれた。第11回では，検討する場で強調された「治水安全度が低い」ことへの不安と予算確保を含めた早急な対応の要望や，自然の摂理に反することなく本来の球磨川に沿った河川工事や水害対策に本気で取り組んでほしいといった説明会参加者からの声が報告された。第12回では「最大限の対策を積み上げた」として可能な箇所から着工しつつ，検討する場を閉じて実務者レベルの新たな協議会を立ち上げて「治水安全度の向上」に向けた検討を続ける方針が確認された。

　2015年3月以降の「球磨川治水対策協議会」（協議会）では国交省九地整河川部長や県土木部長，流域に市町村副村長らを構成員として，戦後最大規模の1965年7月洪水を安全に流下させる「治水安全度」達成を目標に，コスト面や工法の確立といった点で現実味に欠けるがゆえに検討されなかったダム以外の方策についても，費用や地域社会への影響を試算し検討する方針を掲げた。第2回から第5回協議会では，河道の洪水流下能力を上げる対策として引堤，河道掘削等，堤防強化を，流れてくる洪水の量を減らす対策として遊水地，ダム再開発，放水路，水田や浸透ますや森林整備等による流域全体で貯留する対策を，そして家屋を浸水から直接守る対策として宅地かさ上げ等・輪中堤について，それぞれ個別で実施した場合と組み合わせた場合との効果やコストにくわえ維持管理面でどのような課題があるかが検討された。第6回では第5回までに検討された9点の対策案の具体化ならびに対策案の組み合わせによる効果とコスト等がとりまとめられ，パブリックコメントを行うとされた。丁寧な解説資料や説明会はなかったが，2017年1月6日から1カ月間の募集で110人から意見が寄せられ，放水路案の実現不可能性，堀込式遊水地や市房ダム再開発に伴う水没地増大および利水者が余儀なくされるコストへの懸念，数千億に上る移転補償や工費を前提とした引堤，景観とコミュニティとを破壊しかねない堤防強化，一律に掘り下げる河道掘削が漁業やラフティングに及ぼす影響への不安など対策案そのものの問題点を指摘するものにくわえ，森林保水力を向上させる取り組みや対策案の内容

を詰める前の段階から市民参加を求める声などが目立った。第7・8回では，パブリックコメントをふまえた治水対策の組み合わせと対象区間を設定するとして，今後の検討方針と複数の組み合わせ案が例示された。そして豪雨災害前の最後となった第9回では，引堤・河道掘削等・堤防かさ上げ・遊水地・ダム再開発・放水路を中心に目標とする治水安全度を達成しうる10の組み合わせ案が提示され，最も安価なもので約2800億円，高いものでは約12000億円，早いもので30〜50年，長いもので50年以上の工期と試算された。実務者レベルの協議会に対し，協議会の内容をふまえた意見交換のため整備局長・知事・市町村首長による会議も，並行して行われた。

「検討する場」により着手された水害対策はあったが，全体として市民の意向を汲む機会は乏しく，次項で述べるとおりローカルな価値観が十分反映されたわけでもなかった。

さらに初会合から10年間で，ダムに対する社会的な評価は激変した。マニフェストに記した八ッ場ダム中止の撤回など民主党政権時代からダムをめぐるバックラッシュは始まっていたが，2011年3月に発生した東日本大震災と東京電力福島原発事故は水力発電の再評価を促し，防災・減災を建前としたインフラ整備への風向きを変化させた［角ほか2019］。2012年政権復帰した自民党は，翌年に「自民党の公共事業復活政策」である国土強靭化基本法を成立させる［大西2021］。2000年代半ば以降の「ダムカード」「ダムツーリズム」といったダムブームにくわえ[13]，その後も気候変動対策として既存ダムの活用を促す「ダム再生ビジョン」が策定され，ダム建設に伴う負の側面への社会的な関心は減退していた。

2　市民は「検討する場」をどう見て，何を求めたか

検討する場への市民参加の機会はほぼ無いことを受け，手渡す会をはじめとする市民は毎回傍聴し，意見や要望を書面で提出した（表）。

初会合の前に提出した意見書には「自然の営みを重視した総合治水対策：想定外の洪水にも対応する余裕のある川づくり」を盛り込んだ。7頁にわたり，これまでの治水が一定限度の洪水のみ想定し，河道に閉じ込めようとする「基本高水治水」であるがゆえに無理が生じているとして，球磨川流域の

表

年	月日	回数	会の名称	手渡す会ら市民団体意見書
2009 (H21)	1.13	1	ダムによらない治水を検討する場	「『ダムによらない治水を検討する場』の設置について（意見書）」(20081209)
	3.26	2	ダムによらない治水を検討する場	「要望書」(20090210)
	6.8	3	ダムによらない治水を検討する場	「『ダムによらない治水を検討する場』の協議について（意見書）」(20090603)
	7.16	4	ダムによらない治水を検討する場	「要望書」(20090702)
	10.20	5	ダムによらない治水を検討する場	「『検討する場』から欠落している重大な問題点と国・県への要望」（日付不明）
	12.22	6	ダムによらない治水を検討する場	「第5回『ダムによらない治水を検討する場』国交省が提示した治水対策方針案に対する意見書」(20091126)
2010 (H22)	3.29	7	ダムによらない治水を検討する場	「第6回『ダムによらない治水を検討する場』国交省治水対策案に対する要望書・意見書」(20100218)
	6.23	8	ダムによらない治水を検討する場	「第7回『ダムによらない治水を検討する場』球磨川水系における治水対策の基本的考え方に対する意見書」(20100427)
2011 (H23)	9.5	9	ダムによらない治水を検討する場	「川辺川の治水に関する意見書」(20101013)
	10.31	1	幹事会	
	12.21	2	幹事会	
2012 (H24)	3.29	3	幹事会	「『ダムによらない治水を検討する場』における議論の問題点～川辺川ダム問題は未だ決着していない～」(201202)
	11.8	4	幹事会	「球磨川水系流域における〈7月12日〉九州豪雨による災害と対策」(20120802) ※ H24.7.11～14．九州北部豪雨
2013	11.21	5	幹事会	
2014 (H26)	4.24	10	ダムによらない治水を検討する場	「ダムによらない治水を検討する場への要望書」(20140411)
	12.19	11	ダムによらない治水を検討する場	「要望書」(20141029)
2015 (H27)	2.3	12		
	3.24	1	球磨川治水対策協議会	「自然の恵みが豊かな球磨川水系の再生と流域の防災の安全対策に関する意見書」(20150304)
	7.7	2	球磨川治水対策協議会	
	11.9	3	球磨川治水対策協議会	「『球磨川治水対策協議会』に関する要請書」,「意見書」(20150812)
2016 (H28)	1.19	4	球磨川治水対策協議会	「『球磨川治水対策協議会』の丁寧な説明を求める要請書」「『球磨川治水対策協議会』開催通知に関する抗議文」(20160118)
	2.2	1	整備局長・知事・市町村会議	「球磨川治水対策協議会『第1回整備局長・知事・市町村長会議』開催通知に関する抗議文」(20160202)
	10.26	5	球磨川治水対策協議会	
	12.26	6	球磨川治水対策協議会	
2017 (H29)	3.21	7	球磨川治水対策協議会	「パブリックコメントに関する意見書」「球磨川治水対策協議会パブリックコメントに関する抗議文」(20170120)
	3.22	2	整備局長・知事・市町村会議	
2018 (H30)	2.20	8	球磨川治水対策協議会	
	3.28	3	整備局長・知事・市町村会議	
2019 (R1)	6.7	9	球磨川治水対策協議会	「第八回球磨川治水対策協議会に対する意見」(20180416)，「意見書＊球磨川水系流域の災害防止対策で最も重要な課題は全流域の山地の保全と球磨川水系の再生である＊荒瀬ダム撤去の成果を原点にした防災協議会に切り替えることを望む」(20190514)
	11.13	4	整備局長・知事・市町村会議	「球磨川治水対策協議会での検討内容等に関する要請書」(20190917) ※県民の会単独で提出

資料 八代河川国道事務所 HP，『川辺川ダム建設反対運動資料 』（戦後日本住民運動資料集成 11）掲載分をふまえて作成．

注 このほか 2013 年 4 月，脱「基本高水治水」研究会を実施．

近年の水害の現状と対策について八代・球磨川中流域・球磨村渡・人吉・川辺川流域と球磨川上流域を五つのエリアに分けて地区ごとに詳述し，確かな水害実態調査に基づく総合的な治水策を求めた．

しかし先述のとおり，第5回まで国交省は県の提案に対する関連情報の提示といった受動的な態度に徹していた．さらに注視していた市民からすれば，大半の流域首長が会の趣旨を理解しているとはいい難い発言に終始し

た。2009年4月末に手渡す会らは「川辺川ダム計画はなぜ終わらないのか？『ダムによらない治水を検討する場』における国土交通省シミュレーション（被害想定）の問題点　球磨川流域住民が望む『ダムによらない治水』とは」と題するパンフレットを作成する。国交省が示すシミュレーションは流域が経験した水害の実情といかに反しているかを示しつつ，市民が望むのは過去の水害の実態把握とその原因の科学的分析，ならびに球磨川水系すべての河川の状況把握と具体的な治水対策の策定，そして山地を含む流域環境の保全の取り組みだと言及した。パンフレットを第3回検討する場で配布するよう書面で要望した。だが検討する場が十分応えなかったことから，手渡す会は繰り返しこの内容を伝えることになる。

　第5回以降も，「宝」である豊かな清流球磨川水系を保全するために，想定内の洪水を河道と洪水調節施設とに閉じ込める「基本高水治水」から脱し，基本高水に類する概念である「治水安全度」を使わず，流域をくまなく歩き現場で市民と対話しながら個別の治水対策案をつくりあげることを意見書で求めた。近年の洪水で被災した地区の状況と個別の対策を明記しつつ，基本高水を脱し自然の営みを重視した総合的な治水対策を繰り返し訴えた。第1回と比べれば市民が提起した具体策と重なるものもあったが，基本高水治水を前提とする限り，市民が求める川の再生と保全を前提とした治水対策には達し得ない，と手渡す会は受け止めていた。

　検討する場から幹事会へと議論の場が移っていた2012年7月，福岡，佐賀，熊本，大分の九州北部を中心に豪雨災害が発生した。阿蘇乙姫では12日に6時間雨量で459.5mmなど記録的な大雨となり，死者30人，行方不明者4人，浸水被害は延べ1万棟を超えた。球磨川流域でも神瀬で117mm/時など，すさまじい降雨を記録した。手渡す会は，球磨川水系の豪雨にくわえて大きな被害を出した九州北部地区の雨量や水位等を調べたうえで現地調査を実施し，短時間で激しい雨に見舞われた場合に大地や道路，川や治山治水施設や耕作地にどのような被害が生じるかを記録した。球磨川水系では，トンネル入り口の崩壊や道路の決壊，山地崩壊による土砂は砂防堰堤を乗り越えて溜まっていた堆砂が耕作地へと流入し，多量の土砂を積み上げるなど

84

した。この調査結果を手渡す会は幹事会に提出し，山地崩壊や土砂流出を根本的に防ぐための森林の保全と早急な浚渫工事の実施，地形や地質を無視した奥山・里山開発の停止を求めた。

　手渡す会は住民討論集会の経験と2000年代以降の洪水調査の蓄積から，基本高水治水がはらむ川を破壊する問題構造への理解を深めようとしてきた。だが九州北部豪雨は文字通り未曾有の豪雨で，もし同規模の豪雨が降ればどうなるかこそが，球磨川流域における重大な問題であり議論を深める必要があった。そこで2013年4月，「脱基本高水治水」研究会を開催する。

　研究会では，ダム計画の変更と基本高水の変遷の歴史を照合すると基本高水はダム計画の変更に合わせて数値合わせをしたものでしかなく，流域が生物法則や社会法則のはたらく複雑系の世界であることを無視した概念であるため，科学的な妥当性を欠いていると言わざるをえないことを確認した。また，流域開発の歴史的教訓から脱川辺川ダムを求めた流域住民の川認識にふれながら，基本高水の数値論争を脱ダムの中心に据えることは果たして妥当か問題提起をした。さらに，基本高水を定めることが河川法で義務付けられている限り，河川法に環境への配慮が盛り込まれていても，川の保全を前提とした水害対策をなしえないばかりか，激甚化した豪雨下では災害の激化すらもたらすことを確認した。2014年以降の要望書では，水利権の更新が迫っていた瀬戸石ダムが川の環境と流れを阻害し，堆砂により著しく水位を上昇させ災害を拡大させうるとして，基本高水治水からの脱却とともにダムの撤去を求めた。くわえて2015年協議会の開始にあたっては，人工構造物を取り除き川に大きな自由を持たせるとともに，流域各地点の特性に対応した保水力を向上させる対策と，既往降雨ではなく2012年九州北部豪雨規模の降雨への対処をこそ，中心課題に置くべきだと提言した。

　だが，手渡す会ら市民の要望は協議会に反映されることはなかった。それどころか，協議会ではおよそ実現不可能な対策が検討されるようになる。たとえば第3回で示された引堤は，人吉地区で右岸のみでも家屋約570戸や温泉，旅館や病院や指定文化財までも移転対象となる案だ。また，第4回では協議会の開催が4日前に告知されるなど，市民参加に消極的な姿勢も目立っ

Ⅲ　川辺川ダムと流域住民の取り組みの歴史　　85

た。さらに第6回後に実施されたパブリックコメントは，検討する場が開始されて以降8年間の膨大な資料だったにもかかわらず説明会もなく，ウェブサイトや役場で閲覧の上意見を寄せることが求められ，協議会が市民の声を聞く気などないことを露呈した。粘り強い市民運動でダム建設白紙撤回を達した球磨川水系でも，市民が軽視され実質的に無視する行政の姿勢が目立った。

　手渡す会らは，なぜ自然豊かな川の再生を前提とした水害対策を求めるかを，山地崩壊や堤防決壊やダム放流が甚大な被害をもたらした近年の豪雨災害の実情にふれながら書面で説き，球磨川流域の各地点のどのような状況が気候変動下の豪雨時にリスクになりうるのかを解明するよう，求め続けた。研究会以降も関東・東北豪雨や西日本豪雨など各地で相次いだ豪雨災害を検証し，ダムや連続堤防などの構造物で河道に洪水を閉じ込める基本高水治水は気候変動による豪雨災害に対応できないだけでなく，災害を激化させていることを示す被災地の状況を手渡す会は学んでいく。

　だが国交省も県も市町村も，地域の「宝」である清流球磨川・川辺川を守るために手弁当で調査を重ねた市民の切実な訴えに応えることは，ついになかった。そして迎えたのが，2020年7月4日だった。

　ローカルな価値観を重視しているはずの蒲島知事は翻意し，流水型ダムを命も清流も守る技術と妄信する姿勢に徹したまま，2024年4月に勇退する。後継者として知事選を制した木村敬知事も，蒲島前知事の姿勢を踏襲し，手渡す会ら市民からの共同検証の要請を拒み続けている。

[参考文献]
土木学会水工学委員会 2021『令和2年7月九州豪雨災害調査団報告書』
土肥勲嗣 2008『川辺川ダム建設をめぐる政治過程——公共事業と政治参加の研究』
福岡賢正 1996『国が川を壊す理由 第2版——誰のための川辺川ダムか』葦書房
福岡賢正 2020「川辺川ダム計画をめぐる経緯」『科学』90(9)，岩波書店
萩原雅紀監修 2017『ダム大百科』実業之日本社
人吉大水害体験者の会 1998「みたび許すまじ大水害　球磨川大水害体験録集」
人吉市・熊本大学 1982『川辺川ダム建設に伴う球磨川問題の調査研究報告書』
伊藤達也 2021「ダムと環境保全について考える——川辺川ダム問題を例に」『都市問

題』112(8)，後藤・安田記念東京都市研究所

嘉田由紀子編 2021『流域治水がひらく川と人との関係——球磨川豪雨災害に学ぶ』農文協

岐部明廣 2002『川辺川ダムの詩』海鳥社

岐部明廣 2003『川辺川ダム　あなたは欲しいですか』海鳥社

川辺川研究会パンフレットシリーズ（松本幡郎『No.1 川辺川ダムの地質学的問題』，中島熙八郎『No.2 国営川辺川土地改良事業は必要か』上野鉄男『No.3 川辺川ダム計画の問題と求められる治水対策』，上野鉄男『No.4 球磨川治水と川辺川ダム』）

球磨川流域住民聞き取り調査報告集編集委員会編 2008『ダムは水害をひきおこす——球磨川・川辺川の水害被害者は語る』花伝社

熊本県総務部防災消防課編 1970『熊本県災害史』

熊本日日新聞 2010『脱ダムのゆくえ』角川学芸出版

熊本商科大学・人吉市 1982『球磨川が人吉地域経済に及ぼす影響についての調査研究報告書』

三室勇ほか編 2011『よみがえれ！　清流球磨川——川辺川ダム・荒瀬ダムと漁民の闘い』緑風出版

森明香 2017「解題　戦後日本住民運動資料集成　川辺川ダム建設反対運動」『戦後日本住民運動資料集成 11　川辺川ダム建設反対運動資料　別冊　解題・資料』すいれん舎

森明香 2019「第一級の市民ジャーナリズム——『ダムの水は，いらん！』『ダムは，いらん！』」『草茫々通信』13

中里喜昭 2000『百姓の川 球磨・川辺——ダムって，何だ』新評論

中島康 2010「地方自治体と住民意識」編集委員会編『脱ダムへの道のり——こうして住民は川辺川ダムを止めた！』熊本出版文化会館

21 世紀環境委員会 1999『巨大公共事業——何をもたらすか』岩波書店

大西隆 2021「国土強靱化政策とその脆弱性」『都市問題』112(8)

角哲也・井上素行・池田駿介・上阪恒雄監修，国土文化研究所編 2019『今こそ問う水力発電の価値——その恵みを未来に生かすために』技法堂出版

高橋ユリカ 2009『川辺川ダムはいらない——「宝」を守る公共事業へ』岩波書店

竹下精紀 1988『鮎ひとすじ六十年　竹下嘉一自伝』中央法規出版

2016『戦後日本住民運動資料集成 11　川辺川ダム建設反対住民運動』すいれん舎

[注]

1)　豪雨災害を検証したものとして土木学会や嘉田由紀子ら，それまでの経緯を論じた福岡賢正や伊藤達也など，研究者，行政，ジャーナリスト，当事者による報告書や論考は数多ある（[土木学会水工学委員会 2021；嘉田編 2021；福岡 2020；伊藤 2021] など）。

2)　頭地では 1955 年に約 400 戸が水没する下頭地ダム構想として登場し，2 年後にはダムサイトを相良村藤田地点に変更し約 500 戸が水没する多目的の「相良ダム」となった [五木村 2009]。神瀬ダムは相良ダムとセットで電源開発により構想されて

いたが，球磨川下りを重要な観光資源とする人吉で市議会が57年12月に絶対反対を決議するなどして反対を貫いた（『西日本新聞』1960年1月19日）。他方で球磨郡町村は球磨北部の土地改良への期待などから建設促進を求めて人吉市と対立し，1年近くにわたり流域の中継都市であった人吉市への不買運動を起こし経済断交するなど，しこりを残した（『熊本日日新聞』1960年2月2日，[土肥2009][高橋2009]）。

3) 五木村では，1969年下手部落対策協議会から発展的に70世帯で73年5月に発足した地権協のほか，条件闘争派として352世帯を擁して1976年5月発足した「川辺川ダム対策同盟会」，同盟会を脱会した田口地区住民ら42世帯が77年8月に結成した「五木水没者対策協議会」の三つの水没者団体が存在し，同盟会と水対協は最終的に共闘した。相良村内にも「相良村ダム対策協議会」「相良村地権者協議会」の二つの水没者団体が結成された。なお，五木村では対策委が解散したのちに村長の諮問機関として五木村ダム対策審議会が1976年に設置されたが，地権協は参加しなかった。五木村におけるダム問題史は『川辺川ダムと五木村』に詳しい[五木村2009]。

4) 当時のチラシを高橋は次のとおり抜粋している[高橋2009：31-32]。

「ダム責任者よ　当局は道義的『刑事責任がある』」

「市房ダムがなかったら，下流にダムがなかったら　この惨事は絶対に発生していない　放水をせねば危険なダム　萬一決壊したら　流域参拾万の人命財産はどうなるのだ　この絶対保証を当局はなし得るのか　世界的大惨事を予防するために放水したのはよい　だが何故科学的計算に基づいた放水を警報しなかったか。当局はダムの影響ではないと逃げる

だから科学的刑事検察陣の調査を必要とするのだ　政府派遣の調査団随行記者団の一人は人災だよと漏らす　或者は天災と人災だと言う　天災だけならこの惨状はなかったと言えるのだ」「重ねて叫ぶ　被災者は一人ひとりの自力を信じ　事情は異なるとも　室原さんに続くべきである」「凶器的役割をくりかえすダムなら決死隊を以って爆破に赴くくらいの義人が出ても良いほどに思うのだ」

5) ダム建設促進を決議していた人吉市議会では，条例制定の見込みはあったものの，直前に市長が市議を切り崩し僅差で否決となった。人吉市の住民投票条例を求める運動については，[岐部2002]に詳しい。

6) 平成の大合併を経て，利水対象は6市町村となる。

7) 同意署名をめぐる役場職員とのやり取りの一端は，『ダムの水は，いらん！』（佐藤亮一監督，2002年）で記録されている。NPO法人科学映像で2024年6月現在視聴可能　https://www.kagakueizo.org/create/other/5746/

8) 調査の実働部隊にとどまらず，支援活動は幅広く展開された。市民ジャーナリズムも育まれ，弁論のためにと手渡す会メンバーにより作成され裁判所で資料として上映された『ダムの水は，いらん！』は，東京ビデオフェスティバル2002の大賞に輝いた[森2019]。

9) 「〈射程〉川辺川利水事業の末路」『熊本日日新聞』2023年2月7日。

10) 坂本村川漁師組合は，のちの荒瀬ダム撤去の中心となった。[三室ほか2011]に

詳しい。

11) 傍聴した 2007 年 4 月 19 日の日記に筆者は，こう書いていた。「地域の実態を知らない『専門家』が『中央』で政策を策定するおかしさ。反論が認められない中で進行する審議。理系を優れているとする雰囲気と，いちいち耳につくなんとなく感じる女性蔑視の発言。たった 3 時間半の審議会の中に，そういうものが凝縮されていた」。

12) なお，県民の会有志が会場での発言者を改めて訪ね歩きまとめている［球磨川流域住民聞き取り調査報告集編集委員会編 2008］。

13) 2000 年代以降のダムをめぐるエンターテインメントの概要は萩原を参照［萩原 2017］。

IV
豪雨災害と向き合う
——川のどこで何が起きたかを記録する

1　川を無視するダム建設
——「奇跡の二つの吊り橋」

岐部　明廣

「奇跡の二つの吊り橋」

相良村藤田の川辺川ダムサイト（仮）を挟むように二つの吊り橋がある（図1と図2）。場所は図3を参照。

これらは，2020年7月4日洪水で壊れなかったので「奇跡の二つの吊り橋」と呼ばれている（岐部明廣『奇跡の二つの吊り橋〔改訂版〕』人吉中央出版社，2021年）。

つまりその時（2020年7月4日）の水位が奇跡の二つの吊り橋よりも下であったことを物語っている。

私が川辺川ダムサイト（仮）の流量にかたくなに

図1　奇跡の吊り橋（上）

図2　奇跡の吊り橋（下）

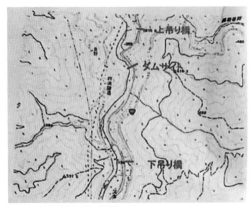

図3 奇跡の吊り橋の位置

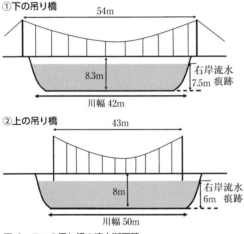

図4 二つの吊り橋の流水断面積

こだわるのは，その流量が「川辺川ダム計画」の最も大切な基本中の基本の数値になるからである。

　川辺川ダムサイト（仮）の流量は「奇跡の二つの吊り橋」の流量から推定できる。

　「奇跡の二つの吊り橋」の高さから，流されないためには上の吊り橋の水位は6m以下，下の吊り橋の水位は7.5m以下となる。

　そこから計算した流水断面積は上の奇跡の吊り橋では300平方メートル，下の奇跡の吊り橋では304平方メートルになる。

秒速と流量

　では，2020年7月4日のそこの流速はいったいどれくらいだったのか。

　まず，河川の勾配をみると，上の吊り橋辺りの勾配は1/130，下の吊り橋辺りの勾配は1/125である。

　勾配，蛇行，河床（大岩が多い），河岸，支流（椎葉谷川・山口谷川）の流れ込み，仮排水路等すべてを勘案すると，上の吊り橋がある川辺川も下の吊り橋がある川辺川も河床の流れやすさの指標である粗度係数は0.04〜0.038程度が妥当となる。粗度係数は流速に反比例する（図5）。

92

流速 V は，下記のマニング式から計算する。

V = (1/n)R 2/3 乗 I 1/2 乗

V = 流量　n = 粗度係数

R = 径深 = 流水断面積／潤辺，潤辺 = 川幅 + 2 水位　I = 勾配

図 5　流速 V の求め方

粗度係数は，明らかに曖昧である。しかも流速は場所ごとの変化が多いので測定は容易ではない。平均値を測定することになる。国土交通省は測定結果を公表すべきである。一度，平均流速を測定するとその川の特定の場所の粗度係数は逆算が可能となる。

粗度係数 0.04 と仮定すると以下になる。

　　上の吊り橋の川辺川の　流速は 6.1m/ 秒

　　下の吊り橋の川辺川の　流速は 6.6m/ 秒

粗度係数 0.041 ならもう少し流速は遅くなる。

したがって上下の二つの吊り橋の川辺川の流量は，以下になる[1]。

　　流量（上）：300 × 6.1 = 1830t/ 秒

　　流量（下）：304 × 6.6 = 2006t/ 秒

つまり川辺川ダムサイト（仮）の流量は，1832 ～ 2006t/ 秒の間になるはずである。

奇跡の二つの吊り橋の存在に気づいたのは川漁師の田副雄一さんである。川辺川のこの辺りについて誰よりも精通している彼は，川辺川ダムサイト（仮）の流量は，2000t/ 秒よりさらに少ないだろうと言っている。

大岩が多い河床なので，粗度係数を仮に 0.041 に仮定すると以下になる。

　　上の吊り橋の流量は　1785t/ 秒

　　下の吊り橋の流量は　1957t/ 秒

つまり多くても 2000t/ 秒になる。

この川辺川ダムサイト（仮）の流量は「川辺川ダム計画」の基本中の基本の数字といえる。

Ⅳ　豪雨災害と向き合う―川のどこで何が起きたかを記録する　93

今回の国土交通省の流量3000t/秒（表1）より，少なくとも1000tも小さくなる。

流量2000tの妥当性

2000tが間違っている可能性はないか。

念のため，水位観測計のある相良村四浦と相良村柳瀬の流量からダムサイト（仮）の流量2000tの妥当性を検討してみよう。

2021年の国土交通省の第2回7月球磨川豪雨検証委員会の数値は以下である。

　　相良村四浦 3000t/秒　　相良村柳瀬 3400t/秒

本当にそうだろうか。

相良村四浦と相良村柳瀬の水位観測所の水位は，確かにそれぞれ10m，8.07mを指していた。その水位計の数字は本当に正しい水深だろうか。

相良村四浦と相良村柳瀬の水位計は，たしかに10mと8.07mであった。しかし相良村四浦の水位計のゼロ点は河床から2.5m下の地下にあり，相良村柳瀬の水位計のゼロ点は河床から1.78m下の地下である。

つまり本当の水深は，次のようになる。

　　四浦 7.5m　　柳瀬 6.29m

流量を水位計から計算すると以下になる。

　　四浦 3000t/秒　　柳瀬 3400t/秒

しかし水位ではなく，本当の水深から計算すると数字は変わる。

　　四浦 2250t/秒　　柳瀬 2650t/秒

以上の結果を表1にまとめた。

表1　川辺川ダムサイト（仮），相良村四浦および相良村柳瀬の流量 (t/秒)

	ダムサイト	四浦	柳瀬
国試算	3000	3000	3400
筆者試算	2000	2250	2650

国土交通省の『川辺川ダム計画の基本方針』の川辺川ダムサイト（仮）の

流量は 3520t/秒である。国は川辺川ダムサイト（仮）の流量を大きく見積もっているようだ。

　しかし，四浦，柳瀬の流量より川辺川ダムサイト（仮）の流量が多いということはありえない。つまり 2000t/秒が正しいということになる。これは小学生でもわかることだ。下流より上流の流量が大きいことは絶対ないのだから。

2020 年 7 月 4 日の球磨川，川辺川の流量から

　図 5 と図 6 は国土交通省の資料から引用した 2020 年 7 月 4 日の流量である。国土交通省は図 6 の柳瀬地点の 3400t を正当化するため雨量のわりに川辺川柳瀬のピーク流量が高くなってとがることから川辺川の「流出速度（到達速度）」のほうが球磨川より 1.5 倍も早いという結論を導いている。

　そうしないと川辺川柳瀬の高いピーク流量 3400t を説明できないからだろう。到達速度は最大ピーク流量に強い相関がある。下記の角屋式からわかるように到達速度は流域面積と負の指数関数，雨量強度と正の指数関数に相関する。

■角屋式：

　到達速度 = C・流域面積 0.22 乗・雨量強度 − 0.35 乗

　　C = 流域特性の定数（人吉地点上流域の C は 264）

　　流域面積（km²）

　　雨量強度（mm）= 12 時間雨量 /12

■合理式：

　最大流量 = 1/3.6・f・流域面積・雨量強度

　F = 流出定数

　流域面積の小さい分は雨量強度の大きい分で相殺されるので，川辺川の柳瀬上流域が球磨川本流の一武上流域に比べて，流域特性 C が 1.5 倍以上ほど小さくないと計算があわない。それはありえない。つまり，川辺川のほうが到達速度が 1.5 倍早いという結論は正しくない。

　川辺川の到達速度が 1.5 倍早い。本当にそうだろうか。国土交通省の資料

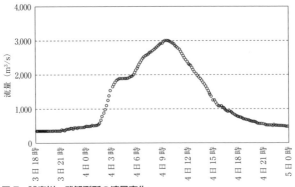

図5　球磨川一武観測所の流量変化

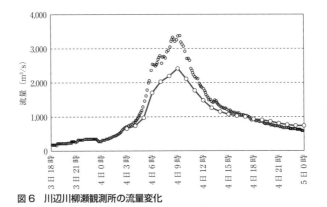

図6　川辺川柳瀬観測所の流量変化

では令和2年7月4日洪水の角屋式による人吉地点までの到達速度は約400分である。

同じように2020年7月4日の柳瀬観測所地点までの到達速度を角屋式から計算すると約385分。たった5％早いだけだ。つまり1.5倍早いという推測は成り立たない。

さらに図5と図6を比べてほしい。球磨川一武まで比べて川辺川の「流出速度（到達速度）」のほうが遅いくらいだ。川辺川の流出速度（到達速度）が球磨川より1.5倍早いというのは明らかに間違いである。

この到達速度から角屋式で柳瀬地点の最大ピーク流量を計算しなおすと約2380t/秒になる。

柳瀬地点の水位ゼロ点は河床から地下 1.78 メートルにある。正しい水深から計算した柳瀬地点のピーク流量は 2300〜2600t 程度になる。

合理式で柳瀬地点のピーク流量を演算しても約 2400t になる。どうも人吉地点上流域は 12 時間雨量が 200mm 以上の条件下では，合理式に信憑性があるようだ。

まとめると，2020 年 7 月 4 日水害の川辺川ダムサイト（仮）流量は，多くても 2000t/ 秒。したがって川辺川ダムでカットできる量は，最大でも 1800t/ 秒以下である（2000 − 200 ＝ 1800t/ 秒）。

川辺川・球磨川合流部の第四橋梁のダム化で，押し上げたピーク流量 2700t/ 秒よりかなり少ないのである。

国土交通省や熊本県知事には，川辺川ダム建設の前にすべきことがあったはずである。それを怠り，第四橋梁がダム化し，2020 年 7 月の人吉洪水を助長する結果を生んだのだ。

（1）第四橋梁のダム化の検証および，ダム計画の基本の（2）川辺川ダムサイト（仮）流量の検証を，まずはすべきではないだろうか。そうした検証により第四橋梁のダム化および決壊を防げたかもしれないと悔やんでいるのは，私だけではないだろう。

川辺川ダムサイト（仮）最大流量

川辺川ダムの建設根拠とされる 2020 年 7 月 4 日洪水の川辺川ダムサイト（仮）最大流量について考えたい。

川辺川ダムサイト（仮）上流域の 12 時間雨量の多かった四つの洪水からの川辺川ダムサイト（仮）の最大流量を雨量から算出してみた（表 2）。

2020 年洪水について筆者の算出した川辺川ダムサイト（仮）12 時間最大流量は 1992t/ 秒である。これは過去三つの洪水時の流量ともよく相関する。

国が発表した 2020 年 7 月 4 日の川辺川ダムサイト（仮）最大流量 3000t/ 秒は雨量との相関がまったくない数値である。

人吉地点のダム効果 2600t を維持するためにどうしても 3000t 以上（これまでの国土交通省の基本方針なら 3520t）が必要だということなのだろう

表2 川辺川ダムサイト（仮）上流域の雨量と川辺川ダムサイト（仮）の
最大流量

洪水年	ダムサイト上流域 12時間雨量	川辺川ダムサイト（仮） 12時間雨量最大流量
1982（昭和57）年	254mm	1980t
2005（平成17）年	234	1975
2004（平成16）年	214	1640
2020（令和2）年	250	1992

※上流域12時間雨量を8倍すると川辺川ダムサイト（仮）流量にほぼ等
しいことがわかる。

か。3000tの算出方法をぜひ示してほしい。

　国土交通省は川辺川ダム効果を示すためなら，川辺川ダムサイト（仮）の
流量を虚偽の値にすることもいとわないようだ。

　ダムの環境への影響は小さくない。川辺川ダム建設の前にすべきことがあ
るはずである。清流川辺川・球磨川なくして人吉の未来はありえないだろ
う。

Column 基本高水とは

高水は洪水のこと

 基本高水とはどんな洪水をさしているのだろうか。答えは「河川法施行令」(1964年)に書いてある。この法律の第10条二の二のイという項目で基本高水とは洪水防御に関する計画の基本となる洪水のことと定義している。続けて，この基本高水は河道と洪水調節ダムに配分しなければならないと規定している。

 洪水調節ダムが登場するのは昭和時代，1957年に特定多目的法

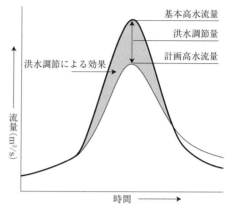

基準地点におけるハイドログラフ

が制定された時からである。市房ダムは発電ダムとして建築中であったが急遽洪水調節の目的も加えられたダムに変更された。洪水調節のダムが登場する前は河道に洪水を閉じ込めるいろいろな対策が行われていた。連続堤防は最も大切な対策であるが，同時に河道の拡幅や堆積した土砂の撤去や放水路づくりなどの対策も取られていた。また，水田は川の氾濫域を開発してつくられることが多く，大きな洪水が発生すれば氾濫場所となった。この氾濫は水田にとっては恵みの氾濫でもあった。流域の森が育んだ肥えた土壌を水田に運び込んでくれたからである。球磨川流域が豊かな米所であったのは恵みを運ぶ洪水と共生する知恵を活かしていたからである。

河川法による治水

 日本では明治時代に河川法（1896年）が制定され，国が直接河川管理をするようになり，資本主義社会発展のための川づくりが始まった。当初は河川の利水により重点がおかれていた。明治後半に，鉄道が普及し舟運が衰えると，河川工事は堤防によって洪水の氾濫を防止する高水工事へと転換していった。具体的には，洪水防御のため，どれくらいの洪水を流すことができる河道にする必要があるかを計画し，これをもとに河川工事を進める河川工法を導入した。この時に登場したのが計画高水という概念であった。この河川法が最初に導入された河川の一つに筑後川がある。これに対し，球磨川にこの計画高水が導入されたのは1947（昭和22）年，太平洋戦争終結2年後である。このため自然の豊かな球磨川が存続し続けてきたともいえる。

 球磨川に基本高水が持ち込まれたのは1965（昭和40）年に発生した人吉大水害と呼ばれる災害がきっかけとなっている。1966年建設省は「球磨川水系工事実施

基本計画」を策定した。基本高水は人吉地点で1秒間に7000m^{3}の洪水が発生しても人吉市に洪水があふれない洪水防御の計画を立案した。1秒間に7000m^{3}の水量うち人吉市を流れる球磨川に閉じ込めることができるのは1秒間に4000m^{3}だけである。残りの1秒間に3000m^{3}の水は既存の市房ダムと新たに計画する川辺川ダムに閉じ込めて人吉には流れてこないようにするというのが河川工事の内容であった。

では，この基本高水7000m^{3}という数値はどこから出てきたのだろうか。過去に発生した最大の洪水をもとに決める考えもあったようだが，これだと大きなダム建設ができないため，将来に発生するかもしれない大きな洪水を想定し，その洪水に対応した防御対策にすることで大々的な河川工事に取り掛かることを可能とした。そこで登場したのが計画の規模という考えだ。ここで建設省が採用したのが全国の河川の重要度であった。大都市を流れる川ほど重要度は高くなる。この重要度を表すために取り入れられたのが百年に1度とか千年に1度起きる可能性があるという表し方である。これを100分の1の規模とか1000分の1の規模と呼んでいる。規模でなく治水安全度ともいわれている。具体的に一級河川（国が管理する川）は80分の1と100分の1と150分の1の3段階に全国の一級河川をランク付けた。この時，球磨川は最下位の80分の1に入れられた。その後，規模の表し方を変更した。一級河川は100分の1，150分の1，200分の1とし，二級河川（県が管理する川）を50分の1と80分の1の二段階とした。

ダム建設を目的化する河川法

1997年河川法が変更された。この時代はダム反対運動が全国で盛り上がっていた。また。国際的には地球規模での自然破壊が大きな話題となり，森林破壊や川の破壊が国際的に大きな問題として取り上げられていた。ダム撤去や川を自然の流れに戻す取り組みが欧米で盛んに行われるようになった。日本でも河川法をめぐり盛んに議論がなされていたようである。しかし川の議論ではなくあくまでも治水の世界にこもった議論でしかなかったと筆者は認識している。

これを一番よく表しているのが球磨川である。川辺川ダム建設は白紙撤回されたが新しい河川法の下に策定した「球磨川水系河川整備基本方針」は基本高水を1秒間7000m^{3}と策定した。この7000m^{3}という数値を守るために計画の規模も二級河川の80分の1を継承した。川辺川ダムをつくることが目的化してしまっている表れである。それは，2021年に温暖化に伴う気候変動に対応する基本方針の見直しといいながら，計画の規模は80分の1のままとし川辺川ダム建設を目的とすることに終始していることからも明らかである。球磨川流域より人口が少なく，流域面積も小さい佐賀県六角川も長崎県本明川も計画の規模の大きさは100分の1である。これは基本高水問題の裏側の話であり，表側の問題以上に重大な問題である。　　　（黒田　弘行）

2 第四橋梁問題

森 明香

はじめに

2020年7月の球磨川豪雨をめぐり，人吉地区の被害拡大に少なからぬ影響を及ぼした可能性の否めないものがある。球磨川・川辺川の合流点直下にあった「第四橋梁」の問題だ。しかし国・県による検証では一切ふれられておらず，調査もなされていない。

「第四橋梁問題」を含めた再検証を求め，私たち「清流球磨川・川辺川を未来に手渡す流域郡市民の会」（手渡す会）は2021年11月4日に「球磨川豪雨災害に関する共同検証を求める提案」を蒲島郁夫知事に提出した[1]。これを受けて県は，同年12月20日，説明資料を添え「共同検証はしない」旨を懇談の場で回答した。一方，2022年1月1日の『熊本日日新聞』で蒲島郁夫知事は「流水型ダムによって命と環境を実際に両立できるか，流域住民と一体となって検証していく仕組みを構築する」と述べている。

本稿では，第四橋梁問題とは何かを確認したうえで，申し入れに対する県の「説明資料」を読み，住民の要望をどのように受け止めているのかを検証してみたい。

1 第四橋梁問題とは

人吉市街地から5キロほど上流にくまがわ鉄道球磨川第四橋梁があった（図1）。球磨川・川辺川の合流点直下に位置し，大正時代に建設され登録有形文化財でもあった橋だ。だが，2020年7月の豪雨で流失した。

この第四橋梁が，上流域からの流木や土砂にくわえ合流点付近の土地利用により，ダム化した可能性がある。この事実を明らかにしたのは，手渡す会や被災者の会の被災者らによる水害調査だった[2]。

Ⅳ　豪雨災害と向き合う—川のどこで何が起きたかを記録する　101

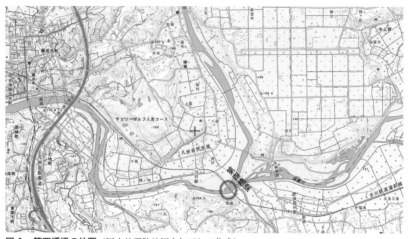

図1 第四橋梁の位置（国土地理院地図を加工して作成）

　図2は，合流点直下にある川村駅を2020年7月11日視察した際の洪水痕跡を示したものだ。図2右側が球磨川だが，駅名標や柱などが球磨川方面に向かって倒れている。また，図3は同じく川村駅から球磨川方面に向かって撮ったものだ。川沿いの木々や柱に引っ掛かった枝類が，右奥方向，つまり球磨川の下流方面に向かって流れた痕跡が，確認できる。

　こうした痕跡がもつ意味を読み解くうえで非常に重要な証言を，被災者による水害調査は集めていた。図4は，球磨川・川辺川の合流点付近を調査し得られた証言を示したものだ。「7時頃球磨川から氾濫してきた。こんな氾濫は初めてだ」（相良村西村），「9時過ぎ，大きな音とともに川の水位が一気に下がっていった」（相良村西村，錦町中福良）といった証言がみてとれる。現地の調査を行った一員でこの図を作成した黒田弘行さんは，「いつもの洪水とは違った方向から水が来た」という証言を得た，と語った。

　さらに，この合流点のV字に位置する江子地区では，材木が高く積み上げられていた，という証言もある。7月3日深夜まで搬出していたのを目撃した，との声もあった。いうまでもなく，ここは本来であれば氾濫原としての役割が期待されているエリアだ。

　「第四橋梁が流木等によってダム化し，人吉市街地を鉄砲水となって襲っ

た」という可能性をうかがわせる証言は，この合流点付近にとどまらない。たとえば，被災者らの水害調査では，人吉市街地付近の上新町で「7 時過ぎに氾濫していたがすぐに引いた。9 時半頃どっと大きな氾濫」，七地町で「9 時半頃，七地の田圃いっぱいの大洪水が市街地へ流れ込んでいった」などの証言を得ている（図5）。

さらなる傍証もある。図6は，球磨川・川辺川の合流点から人吉市街地の間に位置する，七地町の田畑の

図2　2020年7月11日川村駅ホームの状況
右側の球磨川に向かって倒れている

図3　川村駅ホームから球磨川方面を臨む

ようすだ。写真からは，勢いのあるすさまじい流れがここを通り，田畑の表土がえぐり取られコンクリートさえも剝がしたことが，うかがえる。図7，8は，手渡す会が水害調査をふまえて作成した，2020 年7月4日の鉄砲水の流れを図示したものである。

第四橋梁問題に関しては，2021 年 11 月に刊行された『流域治水がひらく川と人の関係——2020 年球磨川水害の経験に学ぶ』（嘉田由紀子編，農文協）にも概説されている。一方，国および県の対応はどういうものだったか，次で確認しておこう。

2　共同検証の提案にいたる経緯

2020 年 11 月 19 日蒲島知事が流水型川辺川ダム建設を求めると表明したのち，21 年 3 月に国と県は「球磨川水系流域治水プロジェクト」を公表し

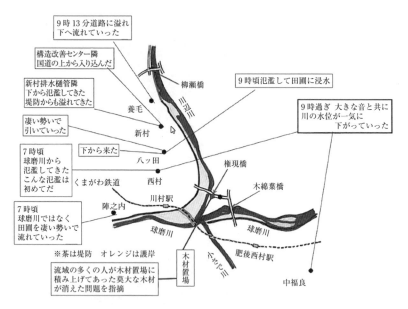

図4 合流点付近での聞き取り調査（黒田弘行作成）

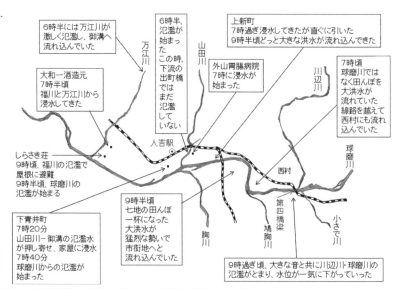

図5 人吉市街地へ氾濫した洪水の調査結果（黒田弘行作成）

た。蒲島知事は「緑の流域治水」を標榜しているが，その中身はダムを軸に堤防補強や遊水地の整備，宅地かさ上げなど複数のハードを主とした対策を組み合わせたものとなっている。「緑」に該当するのはどこだろう，と正直，首をかしげたくなる内容だ。

図6　七地町の田に残された鉄砲水の痕跡（手渡す会撮影）

　流域治水プロジェクトが公表されたことを受け，県は「球磨川水系流域治水プロジェクト及び2020年7月豪雨からの復旧・復興推進プランに向けた流域住民を対象とした説明会」（説明会）を2021年8月下旬から9月にかけて開催した。ただ，開催されたのは8市町村にとどまり，湯前町・多良木町・錦町・五木村ではされなかった。コロナ禍を理由に事前申し込み制をとった。

　さらに，運営面でも問題があった。流域住民向け説明会，と銘打ちながら説明は聞き置くのみ。回答も十分なものではなかった。

　たとえば2021年8月27日の『人吉新聞』では「瀬戸石ダムの言及はないが，撤去する考えは」「市房ダム放流を伝えるサイレンを球磨村にも設置してほしい」といった具体的な要望，「会場が8カ所で十分なのか。コロナ禍ならウェブ配信も検討してほしい」「村民への周知は徹底されていたか」など被災者の状況を考慮した行政に求められる周知のあり方とは程遠い現状を突いた質問が，会場からあがったことが報じられている。

　また，別の会場で参加した人びとからは，「1人1回しか質問できず，追加質問ができなかった」「一度に数人からの質問を受け，全てには応えず県にとって都合の良い質問にだけ応えていた」「ダムの緊急放流が孕むリスクについて尋ねたら，市房ダムを礼賛する県のパンフレットを取り出し説明し始めた」，といった証言もあった[3]。

証言を図解すると

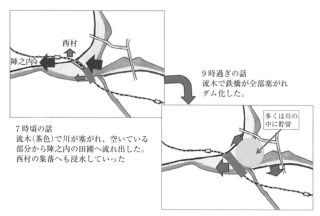

図7　証言の図解1（黒田弘行作成）

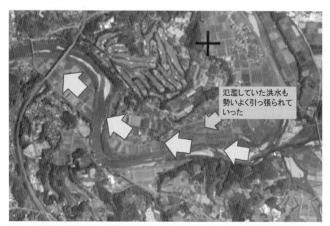

図8　証言の図解2　鉄橋は崩壊し，鉄砲水が発生した（黒田弘行作成）

　県は説明会での資料をウェブサイトで公開しているものの，会場から出た質問の詳細やそれに対する回答は，2022年1月11日現在にいたるまで「近日中に掲載予定」のまま[4]，流域住民の疑問に一切答えていない。

　被災者を含む流域住民を置き去りにした治水対策の手続きは，その後も進んだ。手渡す会は2021年8月末に県への申し入れで面会を求めたが，まん延防止等重点措置を理由に同10月4日まで断られ続けた。その一方で，国

106

による流水型川辺川ダム建設の実現に向けた手続きは，着々と進められた。

2021年9月6日には，国土交通省社会資本整備審議会河川整備基本方針検討小委員会が開かれた。球磨川水系の治水の長期目標である河川整備基本方針の見直しの検討としては，同年7月8日に続く2回目の会合だった。議事録を読む限り「本日は非常に重要な位置づけの委員会と認識」されていたようだが，委員らによる審議の時間はわずか50分ほどだった。開催に先立ち，手渡す会ら4団体から，住民の意見を方針に反映させる場を求める意見書が県知事を含む全委員と国交大臣宛てに簡易書留で届けられていたが，審議の内容にはまったく反映されなかった[5]。球磨川水系の小委員会は4回開かれたが，実質わずか2回で治水の長期目標である基本高水が変更されたのである。

くわえて，情報提供という点でも大いに問題があった。小委員会は9月2日に記者発表されたが，ウェブ上での傍聴申し込み締め切りは9月3日正午とされていた。一般の傍聴を促すどころか，注目されぬうちに手続きを進めることを重視したやり方，と受け止められてもしかたない設計だった。

断片的かつ一方的な情報提供に徹し，それらに対して被災者を含む流域住民が川の傍で暮らし続けてきた立場から素朴な疑問を投げかけても真摯に回答せず傾聴する姿勢にも欠け，遠い東京で勝手に基本方針が決められる。残念ながら，そうとしか評価しえない国と県による対応が続いていた。

共同検証の提案を申し入れたのは，こうした状況に対して「被災者や流域住民の声を聞いてほしい」という切実な訴えでもあった。

3　提案に対する熊本県の「説明資料」を読む

2021年11月4日に蒲島知事宛てに提出した「共同検証を求める提案」では，住民の疑問を解決するために次の3点に関して，県と住民団体による共同検証の実施を求めた。

1. 50名の方がどのようにして命を落とされたのか。避難した方がどのようにして情報を得，避難行動をとったのか。今後，どのような対策が求められるのか

Ⅳ　豪雨災害と向き合う—川のどこで何が起きたかを記録する　　107

2. 球磨川と川辺川の合流点直下にある第四橋梁が災害にどのような影響を与えたのか

3. 市房ダムの効果や限界，ダムの放流，危険性について

　これに対して県は，「説明資料」を添えて，すでに行っているがゆえに共同検証は行わない，と回答した。では「説明資料」に何が記されていたのか[6]。本節では，果たして十分な「説明」たりえているのかを，順に確認しておきたい。

共同検証の必要な論点 1

　まず 1. に対する説明として，令和 2（2020）年 7 月豪雨で犠牲となった熊本県の方々 65 名の一覧（「第 29 回災害対策本部会議資料」），犠牲者の年齢構成や発生場所（「第 1 回球磨川豪雨災害検証委員会資料」），氾濫形態（「第 2 回流域治水協議会資料」），気象関係情報の伝達や避難指示にまつわる初動対応（「第 2 回検証委員会資料」），そして球磨川水系流域治水プロジェクトに記された今後の治水対策（「第 4 回流域治水協議会資料」）が示された。

　2. に対しては，人吉大橋危機管理水位計の観測値から類推されるピーク水位，氾濫解析と実際に浸水した区域との照合結果，流域全体で被災した橋梁の被害状況（第 1，2 回「検証委員会資料」）が示されている。

　3. に対しては，洪水調節容量をどれだけ確保し流木の捕捉を含めて効果を発揮したか（第 1，2 回「検証委員会資料」）に関する資料が付されている。

　一見，それなりに説明をしているように思うかもしれない。だがつぶさに見ていくと，あまりに漠然としていたり，質問の意図を無視したとんちんかんとしかいえない回答であったり，十分な「説明」とは言いがたかったり，むしろかけ離れたと言われてもいたし方ない「説明資料」となっていることがわかる。以下，詳細を確認したい。

　1. に対して示された資料は，全 33 枚のスライド資料のうち 22 枚を占めた。量ゆえ十分な説明たりえているだろうか。申し入れのポイントに応じた資料をみておこう。

　まず犠牲者の発生場所の状況を示した図 9 では，浸水範囲と犠牲者とが一致することを述べている。だがこれは言うまでもなく，「50 名の方がどの

図9 「説明資料」の一例

ようにして命を落とされたのか」の回答にはなりえない。

　手渡す会ら被災者の方々が取り組んだ調査では、人吉市で犠牲となったお一人おひとりが、どのような状況のもと何時頃に何が起きていたのかを、目撃者や近隣の方々への聞き取り、洪水痕跡や映像資料を用いて、明らかにした。嘉田編『流域治水がひらく川と人の関係』に被災者が寄稿した論考では、その一部が紹介されている。

　たとえば人吉市で亡くなられたお一人であるAさんは、通勤途中だった午前7時37分頃、西から走ってきて人吉橋をバイクで渡るために南へ曲がろうとしていたようすが目撃されている。その交差点で山田川からの氾濫した濁流に遭遇し、バイクとともに流されたという。その時点で球磨川は氾濫していなかった（図10）。被災者らによる調査と比すれば、県の説明資料の雑駁さが印象に残る。

　次に図11では、山田川を事例として、支流の氾濫メカニズムは本流の水

Ⅳ　豪雨災害と向き合う―川のどこで何が起きたかを記録する　109

図10 Aさんは どこで なぜ？「第2回流域治水シンポジウム 人吉からの報告」（20210531）資料より転載

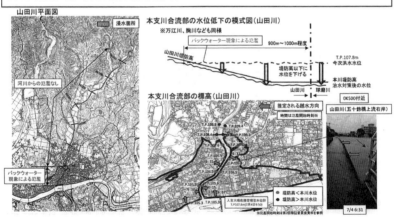

図11 「説明資料」 川幅や橋など氾濫に影響しうる点への言及は皆無である

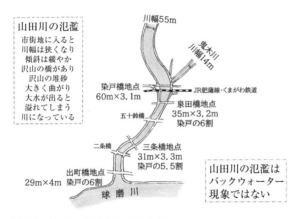

図12 山田川の川幅（黒田弘行作成）

位が上昇して支流の流れが滞る「バックウォーター現象」で説明がつく旨，述べられている。だがこれも，現場をよく知る立場から見れば疑問が生じる。

　山田川は鬼木川が合流してから球磨川本流に近づくほど川幅が狭くなることにくわえ，洪水の流下能力を下げると国交省も指摘する橋が短い区間に複数あるため，あふれやすい構造になっている（図12）。洪水があふれる要因となる構造物や川幅の狭さといった物理的な問題にまったくふれることのないまま，「バックウォーター現象が発生して支流が溢れた」と言われても，本当にそうなのだろうかとの疑問を禁じえない。被災者らによる調査で得た映像資料や証言からは，山田川は本流に合流する下流側からではなく，鬼木川と合流して川幅が狭くなった地点付近からあふれ始めた可能性が高いことがうかがえる（図13）。

　さらに図14では，人吉市の住民の避難行動の概要として，避難所の開設状況や呼びかけの内容と実際，わずかな住民の声等が記されている。だが，避難指示の発出記録をふまえても，流域の各地区の一人ひとりがどのような行動をとったのか，詳細は一切わからない。2021年9月に熊本県に対する情報開示請求で得られた資料を読むと，悉皆調査ではなく20名程の市民な

図13 山田川 写真は丸印地点で矢印方面を撮影。「第2回流域治水シンポ 人吉からの報告」より転載

7. 初動対応について〔住民の避難行動〕(人吉市)	
指定避難所等開設状況	**住民の声**
〔避難所等開設数〕 15箇所 〔避難者数〕 1,088人 (7/4 21:00時点)	〔避難の意識に関する声〕 ○地区の住民の2~3割は避難所等に避難していたと思う。 ○明け方にエリアメールが届いたが、その時点では深刻に受け止めていなかった。 ○多くが「昭和40年7月洪水を超えることはない、河川整備も進み安全と思い、油断した」と言っている。 ○球磨川からある程度離れた地域まで浸水するとは思っていなかった。
公助・共助の避難支援	
○市は、避難勧告発令後、町内会長、水防団等に避難情報等を伝達。夜間で連絡が取れない事例があった。 ○町内会長は電話・臨戸により、水防団は消防車による巡回放送・臨戸により避難を呼びかけた。 ○ある地域では、自主防災組織により避難呼びかけが行われた。 ○浸水開始まで懸命の活動が行われたが、瞬く間に水位が上昇し、臨戸による呼びかけができなくなった。	〔避難行動に関する声〕 ○浸水開始から10分程度で膝くらいまで浸水した感覚。自分は垂直避難を選択したが、首まで浸かりながら避難した者もいた。 ○水位が瞬く間に腰の高さまで上がり、車での移動はできず、自宅や隣家の2階へ避難した方が多かった。 ○急激な水位上昇に加え、道路が川のように流れ、水平避難が遅れた者は、自宅での垂直避難を行うこととしかできなかった。
避難行動要支援者個別計画による支援	
○市は、要支援者名簿登録者全員の個別計画を策定。 ○ある地域では町内会長、民生委員等が連携して避難支援を実施。民生委員がいないものの、地域住民が協力し合い、避難支援を行った事例があった。 ○避難呼びかけにとどまり、避難されたか確認できないなど、個別計画の検証が必要な事例があった。 ○避難支援はギリギリまで行われたが、浸水開始後は瞬く間に水位が上昇し、避難支援が困難となった。	**情報通信機器の状況** ○浸水及び土砂崩れのため、防災行政無線(屋外拡声器)が7月4日8時頃から、一部地域で不通となった。 ○その他の通信機器も、回線の断線のため、インターネット、固定電話が7月4日10時頃から使用できず、住民への情報伝達、気象情報収集等に支障があった。

図14 「説明資料」人吉市の避難行動

らびに市職員への聞き取りにとどまっていた。初動対応調査のまとめとして「説明資料」には，次の通り記されている。

　「流域各市町村においては，平成31年3月に改訂された国の避難勧告ガイドラインに沿って定めた避難勧告発令基準やタイムライン等に基づき，気象台や国からの警報や注意喚起等を踏まえた避難勧告等が発令されていた。しかしながら，雨音の影響や電話回線やネット回線の断線等により住民に十分伝わらない事例があるなど課題もあった。住民の避難行動では，早めの自主避難，住民同士の共助による避難が行われたが，過去の水害を超えることはないと判断したことや宅地嵩上げ等の下線整備で安全と判断したことなどにより，避難が遅れた事例があるなど課題もあった。また，高齢者などの避難行動要支援者については，『個別計画』は概ね策定されていたが，今回のような大規模な災害では，避難の呼びかけにとどまり，計画通り実施できなかった事例があるなど課題もあった」。

　これが，今後の災害時に各地区に住まう老若男女一人ひとりの避難行動に資する教訓が引き出せる避難行動調査になっているのかというと，残念ながら疑問であるといわざるをえない。

　他方で，手渡す会ではこれまでに，被災した240人以上の方々に対して，浸水に気づいた時間／ピーク時間・浸水値・住宅の状況・避難先等の項目をふまえた避難行動調査を行った。その分析は2023年現在も継続されている。守秘義務を遵守しつつ筆者も協力しているのだが，そのなかで驚かされるのは，避難行動の概要にとどまらずお一人おひとりが住まう土地周辺の微地形や家屋，家族の状況や近隣関係まで踏み込んだ証言を得ていることだ。県の「説明資料」と比すれば，どちらがよりここに住み続ける方策を考えるための調査，教訓を引き出しまちづくりに生かすための調査たりえているのか，明白であろう。

　図9，11，14は，いわばこの豪雨災害の被害が拡大した原因をどう受け止めているか，県の認識を表している。これらにもとづき「求められる治水対策」として球磨川水系流域治水プロジェクトが提示されていることをふまえると，原因に対する解決策として不十分どころか有害にならないだろう

Ⅳ　豪雨災害と向き合う―川のどこで何が起きたかを記録する　113

か，と不安が残る．

1. に対する回答として示された資料をみるだけでも，説明は十分とはいいがたく，共同検証の必要性を強く感じさせられる．引き続き，2. 3. に対する資料も詳細をみておこう．

共同検証の必要な論点2

2. に対し人吉大橋に設置された水位計による観測データや浸水シミュレーションと実績との照合結果が示されているが，これらは「第四橋梁が災害にどのような影響を与えたのか」の回答になりえない．

まず，前者は第四橋梁から5km弱離れた大橋の水位計が，第四橋梁の状況を理解する上で必要・十分なデータとはいえない（図15）．なお，国土交通省球磨川水害伝承記に掲載された写真記事に残る洪水痕跡や当日の目撃証言をふまえると，大橋の危機管理水位計はピーク時に水没していた可能性が高い（図16）．

また，後者は照合結果の評価に問題がある．肝心の球磨川・川辺川との合流点の浸水実績とシミュレーションは合致していない．しかも，図17の矢印箇所は第四橋梁がどのような影響を与えたかを考えるうえで非常に重要な

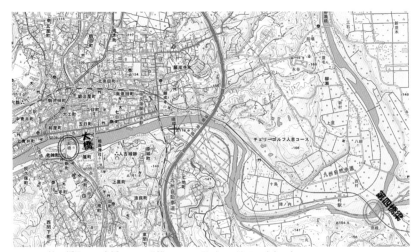

図15　第四橋梁から大橋までの距離は5km弱（地理院地図を加工）

図16 大橋の水位計　国土交通省「球磨川水害伝承記」（写真ID 1728-5331，20200704-1615撮影）　危機管理型水位計（矢印の先）が上部まで浸水したことがうかがえる

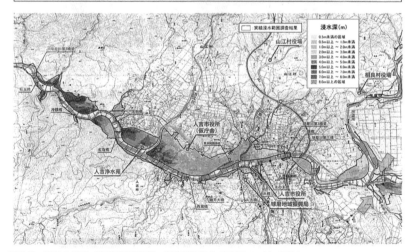

図17 流量の推定（氾濫解析結果）（「説明資料」）実績とのズレが目立つ

Ⅳ　豪雨災害と向き合う─川のどこで何が起きたかを記録する　115

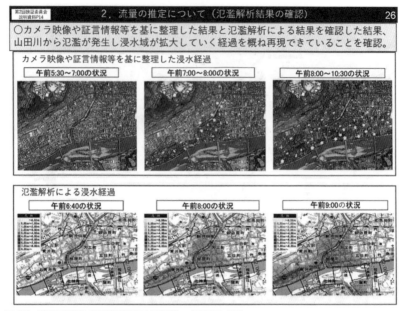

図18 流量の推定（氾濫解析結果の確認）（「説明資料」）

地点であるにもかかわらず，合致していないという事実が"無視"されている。図18も同様だ。シミュレーションと浸水実績にはズレがあり，6:40時点の上青井町，8:00時点の五日町，9:00時点の二日町・七日町で浸水が確認されている箇所をシミュレーションは再現できていない。にもかかわらず「概ね再現」と評し，ズレはないものとして扱われている。

　個々のデータとその評価に対する疑問もさることながら，そもそもこれらのデータが，どのような影響を与えた証拠といいたいのか解せないというのが，率直な印象だ。

共同検証の必要な論点3

　3. に関しては，「市房ダムの効果や限界，ダムの放流，危険性」を尋ねているにもかかわらず，ダムの効果しか示していない。効果の中身も，「流木をダムで捕捉」「多良木地点での90cmの水位低減や避難判断水位に達する時間を2時間遅らせた」といったものに限っている。目を疑うのは，中下流

域の被災者らから繰り返し指摘された緊急放流のリスクや市房ダムによる治水の限界にはいっさいふれていないことだ。これでは，質問に対する回答たりえていない，との謗りを免れないだろう。

4 「流域住民と一体となって検証する仕組み」の早期実現を─むすびにかえて

以上に検討した県の「説明資料」は残念ながら，申し入れ3点に対する「説明」になりえない。そもそも，「説明資料」はこれまでの検証委員会および流域治水協議会で提示された資料の抜粋から成っていた。つまり，申し入れ後に追加の調査等をいっさい行っていないことを示している。

第四橋梁問題は，被災者らが文字通り時間を捻出して調査を重ねるなかで，見出した問題だ。被害拡大に影響を与えた可能性を示す新たな事実が見つかったのであれば，現場に立ち戻って原因究明を行う必要がある。いうまでもなく，政策の立案は確かな事実にもとづきそれを根拠としてなされなければ，実効性あるものにはなりえない。

冒頭で示した通り，2022年元旦の『熊本日日新聞』で蒲島知事は，球磨川水系の治水をめぐり「流域住民と一体となって検証していく仕組みを構築する」と明言した。手渡す会は，本稿で指摘したことを含めた「説明資料」に対するさらなる疑問と疑問を有するに足る根拠写真や動画を示しながら，2022年1月を皮切りに，7月，8月，10月にも共同検証を県知事に求めて交渉を重ねてきた。しかし県は，説明会やダム事業への異論を認めず真摯な検討・議論の場とは言いがたい手続きを用意するだけで[7]，2023年1月現在にいたるまで国土交通省とともに，誠実とは言いがたい対応に徹している。

豪雨災害に新たな発見があってもなお何も行わない熊本県および国土交通省の態度は，不都合な現実を積極的に無視し続けるという非科学的な姿勢に徹している，といわれても仕方のないものである。

[注]
1) 申し入れは，次の4団体の連名で行われた。清流球磨川・川辺川を未来に手渡す

流域郡市民の会（手渡す会），7・4球磨川豪雨被災者・賛同者の会（被災者の会），
美しい球磨川を守る市民の会，子守唄の里・五木を育む清流川辺川を守る県民の
会。申し入れの詳細は，手渡す会ウェブサイト http://tewatasukai.com/doc_
after20200704.html にて閲覧できる。

2) 森明香 2021「被災者らによる水害調査は何を明らかにしたのか」『くまがわ春秋』
67号，12-20頁。

3) 2021年9月6日，オンライン会議の場での参加者による証言。

4) 熊本県 HP「球磨川水系流域治水プロジェクト及び令和2年7月豪雨からの復旧・
復興プラン推進に向けた流域住民を対象とした説明会」https://www.pref.
kumamoto.jp/soshiki/206/105824.html（20220111 アクセス）。翌 12 日 15 時半以降
にアクセスすると「1月中をめどに掲載予定」に変更され，20 日夜には回答が掲載
された。

5) 簡易書留で送付した意見書は，手渡す会のウェブサイト　http://tewatasukai.
com/doc/20210829iken.pdf で閲覧できる。

6) 説明資料は手渡す会ウェブサイトにもアップされている。https://tewatasukai.
com/doc/20211220ken_setsumeishiryou.pdf

7) たとえば 2022 年 12 月 25 日に人吉市で開かれた熊本県主催「新たな流水型ダム
の事業の方向性・進捗を確認する仕組み」ではその規約に，新たな流水型ダムの
「事業の方向性や進捗を確認することを目的と」し「意見などの集約及び意思決定
を行うものではない」ことが明記されている。https://www.pref.kumamoto.jp/
uploaded/life/158580_361176_misc.pdf

Column 基本高水治水問題

気候変動下の豪雨災害

「手渡す会」は国と住民討論集会や国との森林保水力の共同検証等に取り組む過程で，全国各地の豪雨災害の分析にも精力的に取り組むようになった。2010年代になると雨の降り方が大きく変わり，災害の発生の仕方にも大きな変化がみられるようになった。川辺川問題で議論を重ねてきた雨の降り方や洪水の発生の仕方や災害の起き方とは量的にも質的にも大きな変化があることに気づいた。いままで取り組んできた「ダムによる治水」か「ダムによらない治水」かの議論の枠を超えた豪雨災害になっていることを強く意識し，ダム建設のために算定された基本高水を防御する河川法施行令の治水のあり方を議論するようになっていった。この時から河川法施行令で規定している治水を基本高水治水と呼ぶようになった。

1972年7月，球磨川流域に降った雨の様子をみてみよう。1時間に50mmの豪雨が降ったのは八代で1時間のみである。この雨が2007年と2021年に行われた球磨川河川整備基本方針策定にあたって採用されていた計画降雨である。なぜ，この雨が採用されたのであろうか。右の図表がこれを教えてくれている。

基本高水は川辺川ダム建設に必要な数値にすぎない。この数値に基づく治水は現実に発生している災害とは結び

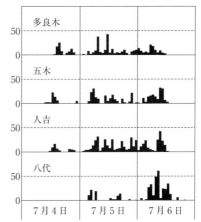

出典 「川辺川ダム事業について」国交省川辺川工事事務所

図1　1972年7月4日～6日　降雨量の時間分布

表1　人吉地点の流出計算結果

年月 （降雨パターン）	1／80 ピーク流量	1／100 ピーク流量
1995.9	4,001	4,138
1964.8（人吉上流型）	4,295	4,435
1965.7 ※（全川型）	10,230	10,529
1971.8	5,591	5,736
1972.6 ※	3,768	3,897
1972.7	6,997	7,201
1982.7	5,637	5,791
1993.9	4,009	4,142
1995.7	5,451	5,604
1997.9	4,142	4,288
2004.8	4,576	4,712
2005.9	5,360	5,520

注　※については検討の結果，対象外。

出典　「くまがわ・明日のかわづくり報告会資料」国交省八代河川国道事務所

表2　2011年紀伊半島豪雨三重県熊野市育生の雨量

9月3日12時	50mm/h
13	38
14	22
15	19
16	58
17	55
18	45
19	58
20	74
21	64
22	62
23	62
24	51
9月4日1時	63
2	66
3	92
4	82
5	0

※12時間雨量777mm
出典　気象庁データ。

つかない，ダム建設のための基本高水治水でしかない。この問題が脱「基本高水治水」の主張の根底にある。

脱「基本高水治水」へ

脱「基本高水治水」の主張を裏づける事例として，2011年の紀伊半島豪雨災害をみていきたい。

1時間に50mm以上の大雨が何時間も降り続き，熊野市育生には12時間に777mmに達する大雨が降った。このような雨の降り方は非常に局所的であり，豪雨は即その場で激甚な災害を引き起こしていた。このような豪雨をもとにした治水議論は皆無であった。

翌年の2012年には九州北部豪雨が発生した。私たちは熊本県を流れる白川に注目をした。気象庁が歴史上経験したことのない豪雨と呼ぶ雨が阿蘇に降ったからである。降ったのは阿蘇全域ではなく，黒川流域に集中していた。坊中という地域には1時間に100mm前後の豪雨が4時間も続いた。

基本高水治水は流域の平均雨量を重視する。ダムに洪水を貯め込んで本流の水位を低下させれば氾濫を防ぐことができるとする基本高水の論理は温暖化に伴う豪雨災害にはまったく対応できないと判断するようになっていた折，この考えの正しさを実証するような豪雨災害が2012年から毎年発生し続けている。基本高水治水がつくりだしたあらゆる建造物が災害を激甚化させてしまう現象も顕著になってきた。

2012年と2017年には九州北部豪雨で九州各地で激甚な災害が発生し，2014年には広島で激甚な山崩れが発生した。2015年には栃木県鬼怒川で，2018年には肱川の野村ダムの放流が激甚な災害を引き起こし，岡山の高梁川の支流である小田川で多くの堤防が決壊し多くの犠牲者がでた。2019年は台風19号により75カ所の河川において175カ所で堤防が決壊し，140カ所で内水氾濫が発生し，山崩れは891カ所で起きた。

基本高水治水そのものが厳しく問われているにもかかわらず，国土交通省はこの問題にはふれず，流域治水という言葉をもちだして基本高水治水を擁護し続けている。一方，現実に発生する災害は基本高水治水の問題を暴き続けている。

そこで国が主張しはじめたのが，災害が激甚化し続ける問題は住民の防災意識の欠如にあるとして命は自己責任で守ることを強調する，「逃げ遅れゼロの強要」である。

（黒田　弘行）

3 人吉大橋・危機管理型水位計は "大洪水" を適切に計測していたのか

森 明香

はじめに

　2020年7月豪雨で，球磨川と川辺川の合流地点にかかる球磨川第四橋梁に大量の流木が押し寄せ，上流側をダム状態にした後，橋もろとも下流に押し流した。人吉地区以下の下流域の被害拡大に少なからぬ影響を与えたと思われるこの第四橋梁問題を，国は "ないもの" として扱っている。

　2021年11月以降「清流球磨川・川辺川を未来に手渡す流域郡市民の会」（手渡す会）など4団体は，熊本県に共同検証の申し入れを断続的に行っている。だが，国土交通省と熊本県は共同検証の要望を拒絶し続けている。その理由は次の通りだ。

　「球磨川第四橋梁より下流の人吉大橋に設置している危機管理型水位計の10分ごとの水位データにおいて，段波などの急激な水位の変化は確認されていないことから，橋梁の流出が下流に大きな被害をもたらしたものとは考えにくいところです。」「球磨川第四橋梁より下流の大きな被害については，そもそも河川の流量が非常に大きく，河川の流下能力を超えるものであったため，大きな被害をもたらしたと考えられます」[1]。

　つまり，人吉大橋に設置された危機管理型水位計が当日も稼働しており，そのデータに異常を示す水位の変化がない。だから第四橋梁問題はなかった，と主張する。

　他方で，前節の図16（国交省「球磨川水害伝承記」に写る洪水痕跡）をみる限り，人吉大橋の危機管理型水位計は水没していた可能性が高く，計測できていたとする国交省の主張をうのみにできない。水没の有無をめぐる計測の可否は，流域内外の住民・市民から繰り返し問われてきた。だが，国交省と県は住民の疑問にこたえることのないまま，2022年8月9日に流水型ダム

IV　豪雨災害と向き合う—川のどこで何が起きたかを記録する　121

を基本とする河川整備計画を策定・公開した。

　第四橋梁問題の存在を否定するための根拠となるデータに，偽りがあってはならない。しかし，危機管理型水位計の機能や発災当日の様子，洪水痕跡をたどってみると，計測されたというデータは事実なのかと疑問を抱かざるをえない現状がある。

1　人吉大橋の危機管理型水位計をめぐる国交省の説明

　まず，危機管理型水位計の機能を確認しておこう。

図1　人吉大橋（右岸下流より）

危機管理型水位計（現在のもの）
図2　人吉大橋危機管理型水位計の位置（2022年8月23日手渡す会による申し入れ資料）

　そもそも危機管理型水位計は，洪水時の水位観測に特化して低コスト化することで多くの地点に普及させ，水位観測網を充実させることをめざしたものである。人吉大橋の危機管理型水位計は，水面に照射した超音波の反射波をセンサーでキャッチする「超音波式」で，大橋の中央付近の路面とほぼ同じ高さに，下流側に向かって1mほど突き出して設置されている（図1・2）。センサーと水面とが近づきすぎたり水没したりすると，反射波をとらえることができず欠測となる（図3）。つまり，ある限られた範囲の水位のみ計測が可能であり，河川整備計

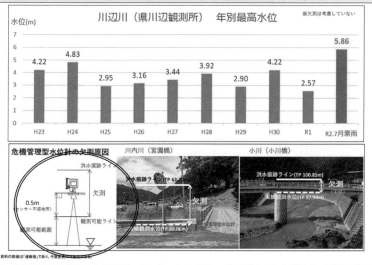

図3 危機管理型水位計の欠測原因 センサーから50cm以上離れていなければ，計測できない
（第1回令和2年7月豪雨検証委員会「説明資料」10頁に加筆）

画で重要となる基準地点等に設置された常時観測する水位計の機能とは異なっている。

では，人吉大橋の危機管理型水位計について，国はどのように説明しているのか。国土交通省九州地方整備局八代河川国道事務所ウェブサイトにある「球磨川水系に関するよくあるご質問（FAQ）」のうち，「Q6. 人吉大橋に設置している『危機管理型水位計』は令和2年7月豪雨時においても計測できていたのでしょうか」には，水没の有無と水位計測の可否とにふれて次のように書かれている。

水没の有無をめぐっては「人吉大橋上流の痕跡水位は，人吉大橋の上流側の橋桁にあたっている高さであることは確認しておりますが，危機管理型水位計の設置高以下の高さでした。このことから，危機管理型水位計が水没している状況ではなかったこととなります」。つまり危機管理型水位計が設置されている標高108.24mに対し，洪水痕跡から確認できる水位は107.94m

Ⅳ 豪雨災害と向き合う—川のどこで何が起きたかを記録する 123

だったことから，水没していなかった，と主張する．

　また水位計測の可否については，「人吉大橋の水位計は TP.101.97m から観測を開始し，観測可能上限である TP.107.94m まで水位が観測することができ」，「令和2年7月豪雨時に危機管理型水位計で計測されたピーク水位については TP.107.78m で，観測可能上限水位以下でした．なお，この観測されたピーク水位は痕跡水位とも概ね一致」していると主張する（図4）．つまり洪水痕跡からしても計測の範囲内だった，という．そして「以上2点より，人吉大橋の危機管理型水位計については，令和2年7月豪雨時，水没することなく水位を計測できていた」，と述べる．「危機管理型水位計の観測結果に異常な挙動が見られないこと，機器に目立った外傷はなかったことからも，計測結果に問題は無いと考えています」，「洪水流が橋梁の桁にあたることで，そのしぶき水が橋面を流れたことが確認されていますが，危機管理型水位計は下流側に張り出した構造であることからその橋面を流れた水流の影

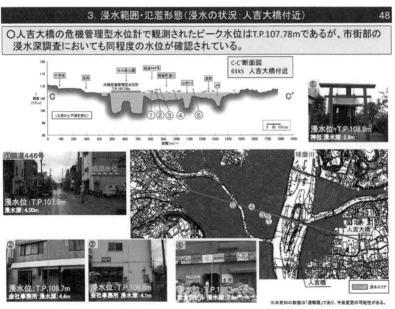

図4　7月4日当日，危機管理型水位計による計測（第1回令和2年7月豪雨検証委員会「説明資料」48頁）

響は受けていません」，とも明記して，あくまで計測可能であったと強調する。

　つまり国交省は，ピーク水位と設置高と洪水痕跡水位の標高とを照らし合わせる限り，危機管理型水位計は水没しておらず，計測可能だった証拠に水位計には目立った外傷もなくデータもきちんと送られてきていた，当日はしぶき水がかかった程度だった，という主張を展開しているのである。なお，熊本県は独自調査を行ってはおらず，国交省の主張に追随している。

　国交省の主張が事実ならば，被災した人吉大橋近隣に住まう人びとの記憶や人びとが撮った映像や洪水痕跡と，当然一致するはずだ。では，被災者らが直面した発災当日の状況に関する映像や証言はどのようなものだったのか，次にみていこう。

2　被災者らが見た発災当日午前の人吉大橋をめぐる状況

1　証言を裏づける映像が物語る状況

　前節の図16の人吉大橋欄干に挟まった流木類からもうかがえるとおり，ピーク水位の洪水時には人吉大橋の橋面を超える水が流れていた。国交省の検証委員会資料によれば，人吉地点の洪水がピークに達したのは7月4日午前9時50分頃。

　この日投宿していた旅行者により，人吉大橋の状況をとらえた映像がある。図5はピーク水位に達する前段階の早朝に，人吉大橋の60m上流側右岸に立地する鮎里ホテルの上階から撮られた映像をスクリーンショットしたものだ[2]。図5からうかがえるとおり，洪水の流れの激しさにより，右岸側下流の欄干はピークに達する前に流失していた。また，矢印の箇所にある危機管理型水位計は，全く見えない状態になっている。

　当日の状況を示す映像はこれだけではない。図6は，手渡す会会員に呼びかけて提供いただいたものの一つだ。人吉大橋の右岸より北90mの位置に居住する会員は，人吉地点の洪水がピークを迎えた約30分後の状況を映像に収めていた。ピークから30分後は，ピーク時より水が引いた（水位が下がった）状態である。にもかかわらず，図6が示すとおり危機管理型水位計

Ⅳ　豪雨災害と向き合う─川のどこで何が起きたかを記録する　　125

図5 7月4日朝(ピーク水位となった9時50分より前)の人吉大橋
矢印が危機管理型水位計の位置。(動画は「球磨川水害伝承記」にも提供〔動画 ID:2054-6931〕されている)すでに右岸側の欄干は見えなくなっている。

図6 7月4日午前10時19分の人吉大橋 球磨川右岸側より人吉大橋を撮影(手渡す会会員より提供)

は影も形も見えないままだ。

　この写真をめぐっては，2022年11月に『朝日新聞』が興味深い記事をウェブ上で公開していた[3]。曰く，平常時にほぼ同じアングルから撮影した際，危機管理型水位計の形状は欄干越しに透けて見えている。一方，2020年7月4日の洪水ピーク30分後の画像では，洪水流が欄干上部に達しており，欄干ごしに危機管理型水位計が透けて見えることはない。

　さらに，人吉大橋の上流側から撮影したものだけではなく，危機管理型水位計が設置された下流側からの映像もある（図7）。別の会員から提供を受けたこの写真は，洪水のピークから20分後を下流側からとらえたものであ

図7　7月4日10時10分の人吉大橋　球磨川右岸・大橋下流側から撮影。矢印が危機管理型水位計の位置（手渡す会所蔵）

Ⅳ　豪雨災害と向き合う―川のどこで何が起きたかを記録する　　127

る。矢印が危機管理型水位計の設置された位置だ。流木の詰まった欄干の間を洪水が流れ落ち，危機管理型水位計の姿は見えない。もとより，橋の直下ゆえに攪乱されて，適切な水位計測ができるのかとすら思わされる（図8）。

一連の映像を見ると「しぶき水が橋面を流れた」とは言いがたい。「橋面

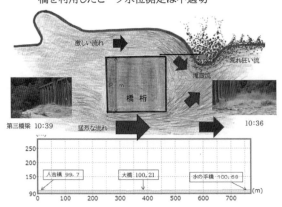

図8　人吉大橋（上）と第三橋梁（下）について発災当日の映像（手渡す会所蔵）を比較し"適切な水位計測"について検討した（2022年9月5日手渡す会例会における学習資料）

128

は水没していた」，が当時の状況に対する的確な表現だろう。

発災当日の人吉大橋は，昼過ぎ頃に立ち入ることが可能な水位と状況になった。図9は，欄干に挟まった流木の除去など一切手つかずであったときをとらえたものだ。橋面よりも下方に危機管理型水位計のモニターが設置されていることを鑑みれば，水没していなかった，と強弁しえないことは明白だろう。

2　洪水痕跡が示唆すること

当日の客観的状況を示す映像の分析にくわえ，手渡す会では洪水痕跡の調査を行った。検証委資料に明記された浸水深の標高を■で，手渡す会調査による調査で明らかになった浸水深の標高を●で示した結果が，図10である。

調査では，洪水痕跡に●地点の家屋に住む人に直接尋ねて洪水痕跡を確定させ，建物の側面のうち川により近い側の下流側で計測した。上流側で計測すると建物に波がぶつかったことによる高さが出るためだ。なお，建物の基礎より上で測定したものはその分を差し引いた上で，基礎より上から計測したことを明記した。このように，なるべく過大な数値が出ないよう，かつ客観的な分析に耐えうることを見越した計測を行った。すると，検証委が示す浸水深とは異なる結果となった。

図9　7月4日人吉大橋　立ち入り可能となった直後に撮影したもの。欄下に流木がささり洪水の激しさを物語っている

Ⅳ　豪雨災害と向き合う—川のどこで何が起きたかを記録する　　129

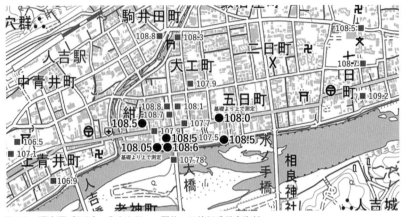

図10 浸水深（T.P.）　●木本調べ　■第一回検証委員会資料
（国土地理院地図を用いて木本千景作成）

　図10の数値をみてもわかる通り，国交省による計測では，川の近くよりも「紺屋町」など市街地の方で標高108.8m など，洪水の水位が最大で1m ほど高くなっている。そして，川の直近や川のなかにある大橋の上のほうで標高107.5m，107.78m となるなど，水位が低い。
　水は高いところから低いところへ流れるのが自然の理だ。だが国交省の計測では逆の現象が生じている。計測手法の科学的妥当性を明示するためにも，国交省は建物のどの側面で浸水深を計測したのか，何を洪水痕跡とみなしたのかに関する情報のすべてを開示すべきだろう。2023年8月現在，国交省は詳細な計測地点情報は球磨川左岸の一部のみしか示しておらず，欄干が流失するほどに水流の強かった球磨川右岸側については一切提示していない。これでは，国交省は辻褄に合うデータを示しているだけ，との誹りを受けても致し方ないように思われる。
　以上，被災者の証言を裏づけるために入手した映像や浸水深をめぐる調査など手渡す会独自の検証結果をみる限り，危機管理型水位計は「水没していなかった」「計測できていた」という国交省の主張をうのみにはできない。では，具体的なデータをふまえた手渡す会の見解に対し国交省および熊本県はどのような反応を示しているのか，次にみておこう。

3　国土交通省ならびに熊本県はどのような反応を示したか

　2022年8月にFAQが公開されて以降，手渡す会は熊本県に対する申し入れを行うことで，国交省へのはたらきかけを行ってきた。国交省が実質的に対応せず被災者の多様な声には一切耳を貸さない姿勢を貫いていることにくわえ[4]，熊本県が現地の確認をすることなくFAQを受け入れていることが判明したためである。申し入れに対応したのは熊本県河川課と球磨川流域復興局の担当者だった。

　初回の申入れ（2022年8月23日）では，前節図16や本節図5を提示し，FAQのQ6に書かれた内容の正当性を問うと同時に，共同検証の実施を改めて申し入れた。

　映像を見た熊本県河川課の担当者は，国交省に伝えるとしつつも「橋の上流側から映したものでしかないので，判断がつかない」，「上流側は欄干に入るときに波が立っているが，下流側の欄干から川面に流れ落ちる際には静かに流れていくのが定説。下流側からの映像がない限りは水没しなかったことを否定できない」，「実際に計測されていると国交省が言っている。10分おきの計測データがある。県はそのデータを見ていないが，いくら何でも嘘はつかないだろう」と述べた。提示した映像からは危機管理型水位計の水没の有無を確認できない，という姿勢に徹した。水没の有無は不明だと述べる一方で，共同検証を拒絶した。

　2回目の申し入れ（9月12日）では，下流側から撮った図7を示し，熊本県による解釈は洪水時の川面の実態とは乖離していることを指摘した[5]。図10の洪水痕跡調査結果を示し，FAQに書かれた洪水痕跡は現場の実情を反映していない，流域のあらゆる関係者が協働して取り組むという「流域治水」を標榜するならば共同検証によってこの問題を解消すべきだ，と改めて訴えた。

　訴えに対して県は「下流側からの画像をズームアップして見ても何とも言えないし，国交省は計測できたと言っている」，「情報開示請求をすれば公開すると国交省は言っている。私たちはそのデータを見てはいないし共有されてもいないが，見たいならば手続きを踏んでほしい」，と突っぱねた。映像

Ⅳ　豪雨災害と向き合う—川のどこで何が起きたかを記録する　　131

は信じ住民からの要望を国交省に伝えはする，生データを見てはいないものの国交省の主張を信じ手渡す会ら被災者の主張には与せず共同検証には応じない，という姿勢に終始した．

　3回目の申し入れ（10月21日）では，入手した危機管理型水位計のロガーデータに示された数値が事実であることを示す傍証として，危機管理型水位計の物品管理記録等を提示するよう求めた．いわば，信じるに値するデータであることを示す根拠を求めたのである．2021年12月に『朝日新聞』が，国の基幹統計の一つ「建設工事受注動態統計」を電子データで提出された調査票を含めて17年間にわたり，国交省が組織的に改ざんしていた事実を報じていた[6]．真相の究明を求めた被災者らは，豪雨災害をめぐる検証委員会や公聴会・申し入れへの対応等で，事業推進に不都合な声には意図的に応えようとしない国交省や県の姿勢を，見せつけられ続けていた．2020年7月豪雨と2022年9月の台風14号とで人吉水位観測所と人吉大橋危機管理型水位計の計測データの波形を比較検討したことも，ロガーデータの信憑性への疑問へとつながった（図11）．被災者の不信感を募らせる対応に徹してきた国交省がいくら「計測できていた」と主張しても，被災者の実感や当日の映像と乖離したデータを素朴に信じられるはずがなかった．

　県は苦笑いしながら，申し入れ内容を国交省や知事に伝えると約束するだ

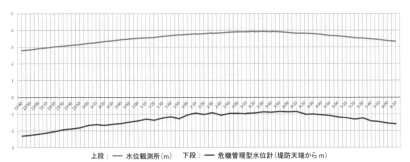

図11　2022年台風14号（9/18-19）人吉地点 観測所と水位計の波形　台風14号時の人吉水位観測所と人吉大橋危機管理型水位計の波形　洪水ピークを観測所では3:30，危機管理型水位計では4:10に計測．波形の出方にも違いが見受けられた．（川の防災情報 https://www.river.go.jp/index 速報値より作成）

けで，県独自の見解を示そうとはしなかった。その後，国交省はFAQの文言を一部修正するのみ，熊本県は国交省と知事に伝えると言うのみで，国も県もそろって共同検証も追加調査も一切行わない姿勢を貫いている[7]。

おわりに

2022年8月9日に公開された球磨川水系河川整備計画には，国管理区間・県管理区間ともに，流域住民との連携を重視した取り組みを展開し双方向のコミュニケーションをはかる旨が次のとおり明記されている。

「流域全体で総合的かつ多層的な治水対策を推進するためには，様々な立場で主体的に参画する人材が必要であることから，大学や研究機関，河川に精通する団体等と連携し，専門性の高い様々な情報を立場の異なる関係者にわかりやすく伝えられる人材の育成に努めるとともに，温暖化に対する流域の降雨―流出特性や洪水の流下特性等の把握に努め，これらの情報を流域の関係者と日頃から共有することや，上下流交流の取組みの促進など，球磨川流域内の連携強化のために必要な支援を実施します」[国交省 2022：140頁]

「緑の流域治水の考え方に基づき，集水域（森林，農地，都市等）の事業者と一体的に連携し，河川整備を進めます。そのため，国や市町村などの行政関係者に加え，地域住民，企業，学校など流域のあらゆる関係者との連携により河川整備を進めるとともに，（中略）「球磨川らしさ」を活かした河川整備や市町村の防災まちづくりなどを進めるための意見交換の場づくりなどにも取り組み，双方向のコミュニケーションを図ります」（熊本県 2022：151頁）

だが現実には，前節や本節でみてきたとおり，被災者や流域住民からの度重なる共同検証の申入れを，「人吉大橋危機管理型水位計は計測できていた」ことを理由に，国交省ならびに熊本県は拒み続けている。

球磨川流域は水害常習地である。川の傍に代々住み続けてきた人びとは，暮らしの中で恩恵を享受し洪水時には減災に資する知恵を育んできた［森2018］。そうした在来知が著しい機能不全に陥ったのが，2020年7月豪雨に伴う災害だった。川と共にこれからも住み続けるためには，被害拡大の要因とメカニズムの解明が必須である。だからこそ，手渡す会は市民調査を通じ

Ⅳ　豪雨災害と向き合う―川のどこで何が起きたかを記録する　　133

て，在来知が機能不全になった要因の一つに第四橋梁問題があることを掘り起こした。第四橋梁問題が行政による検証では議論の俎上にすらのぼらなかったことをふまえ，具体的な事実を示す映像などを示しながら，共同検証を申入れ続けてきた。国交省や熊本県が双方向コミュニケーションや流域内のあらゆる関係者との連携・協働を謳うのであれば，流域住民らが求める共同検証に応えるのは事業者として当然の責務だろう。

　2021年12月に明らかになった国交省による基幹統計の不正報道を受けて設置された「建設工事受注動態統計調査の不適切処理に係る検証委員会」の調査報告書では，不適切処理が発覚した後の問題点として，国交省統計部門における隠蔽体質や事なかれ主義による問題の矮小化を促すといった組織の構造・文化にふれている[8]。ただ，第四橋梁問題の可能性や危機管理型水位計の計測データへの疑問を提起し続けてきた手渡す会への対応をみる限り，隠蔽体質は統計部門に限ったことではなく国交省の組織全体に蔓延しているようにさえみえる，というのは言い過ぎだろうか。

[注]

1) 国土交通省九州地方整備局八代河川国道事務所「球磨川水系に関するよくあるご質問（FAQ）」https://www.qsr.mlit.go.jp/yatusiro/river/faq/index.html。Q12. の回答。

2) リンクは下記の通り。
https://www.youtube.com/watch?v=YwgtEbfyPyY&list=PLtUfRBJf0KOv9sI-bXZnpOKifSOY8FAYN&index=3。なお，動画は通時的に撮られた6種のうちの一つであり，6種すべてが「球磨川水害伝承記」に提供されている（動画ID：2054-6931）。

3) 「水位なぜ測れた　豪雨の球磨川　濁流は『しぶき水』？　証拠写真続々」『朝日新聞』2022年11月23日（https://www.asahi.com/articles/ASQCL5X22QB5TIPE02C.html）

4) 2022年4月20日，国交省九州地方整備局八代河川国道事務所に対し被災者を含む複数の市民団体で「球磨川水系河川整備計画原案に関する意見聴取に関する抗議文」を申し入れた。その際，副所長らは「上に伝えます」以外の言葉を発しなかった［森2022］。なお，申し入れに対する回答や「上に伝え」た結果の報告は，2024年9月現在にいたるまで，皆無である。

5) 洪水時の河川では，水位が上昇する際には川の左岸・右岸から見た中央付近が盛り上がる。近代治水技術による河川整備が徹底される以前には，本川や支

流・用水を観察しては経験則を活かして，減災や避難へとつなげていた［野本2013］。

6）「統計不正，電子データも書き換え　国交省，オンライン化後17年間」『朝日新聞』2022年6月9日（https://www.asahi.com/articles/ASQ694V58Q62ULZU007.html）

7）　八代河川国道事務所は2022年10月，「表現に係るご指摘をいただいたことから，事実関係に基づく表現に適正化しました」として，「水没している状況ではなかった」「しぶき水」「橋面を流れた水流の影響は受けていません」等の表現を削除した（https://www.qsr.mlit.go.jp/yatusiro/site_files/file/faq/q6_info.pdf）。だが，手渡す会ら市民団体が問題にしているのは，表現の如何ではなく事実をめぐる問題である。これらの表現を削除したのは，水没の可能性を否めないことを国交省自らも認めていることのあらわれに思われる。なお，手渡す会らは2024年9月末まで関連する申し入れを行っている。本節で述べたものを含め，以下にその概要を示す。

表　手渡す会が熊本県に行った申し入れと交渉内容（交渉していない申し入れ書のみは省く）

年月日	タイトル	備考	県の回答の概要
2022年8月23日	共同検証の申し入れ	危機管理型水位計は計測できていたか？	国に照会したが計測できていた，共同検証はしない
9月12日	人吉大橋・危機管理型水位計をめぐる県の見解を求める要請書	8/23に申し入れた内容を国に照会するよう項目を伝える	今回指摘を受けたしぶき水や洪水痕跡について，国や知事に伝える
10月21日	球磨川水系に関するFAQならびに台風14号に関する申し入れ	9/12要請に対する回答を求める＋市房ダムサーチャージまで2センチ	知事と国交省に伝えた。FAQの表現を変えた（「しぶき水」削除）。市房ダムは適切に操作して効果を発揮した
2023年3月13日	球磨川流域豪雨災害・被害拡大のメカニズムの探求を求める要請書	「美しい山河を守る災害復旧基本方針」に則り，第四橋梁閉塞による洪水への影響を検証せよ	第四橋梁による影響が皆無とは思わないが共同検証はしない
7月14日	安心・安全部会における山田川復興計画案に関する申し入れ	6/20山田川河川改修案について	今次洪水で230t/s流れた根拠／シミュレーションを次回示す

Ⅳ　豪雨災害と向き合う―川のどこで何が起きたかを記録する　　135

11月10日	「球磨川水系山田川河川整備に関する説明会」9/30をめぐる申し入れ	人吉市にて開催の説明会，バックウォーターのみで説明するのは妥当か質す	県独自の検証はしておらず2020年の検証委の資料を用いて「バックウォーターは住民の証言」「整備計画で決まったことですから」。共同検証は拒否
2024年9月10日	これまでの山田川の氾濫と災害に関する申し入れをめぐる確認および申し入れ	山田川の氾濫に関する県調査の生データの開示を求める	2020年検証委，2022FAQ資料を用いて回答，生データは出さず，共同検証は頑なに拒否

※県からの回答は全て口頭のみ，住民からの照会がなければ回答はなし。通常，河川港湾局河川課，球磨川流域復興局の職員5～8人が対応。

※事業主体である国土交通省九州地方整備局八代河川工事事務所は，「予定がつかないわけではない」「HPで十分説明している」と同席要請を拒絶。

※本表は，録音データより作成。

8) 「国交省統計データ不正事件・検証委員会・報告書全文」https://www.mansion.mlcgi.com/reno_c7.htm

参考文献

国土交通省九州地方整備局 2022『球磨川水系河川整備計画　国管理区間』

熊本県 2022『球磨川水系河川整備計画　県管理区間』

森明香 2018「川の傍の暮らしを守るための川辺ダム反対とは」『歴史評論』818

森明香 2022「球磨川河川整備計画（原案）をめぐる不可解な事実　上」『くまがわ春秋』74号

野本寛一 2013『自然災害と民俗』森話社

V
既存の治水対策は気候変動下で
有効なのか

1 「基本高水治水」は川を破壊し，
災害の甚大化を引き起こす

市花 保

あの日，私たちが経験したことをもとにして

2020年7月3日から4日にかけて球磨川流域において発生した線状降水帯は，13時間という長時間にわたって球磨川流域を東西にすっぽりと覆い，流域の12時間平均雨量が346mmという豪雨が襲い過去最大規模の被害をもたらした。とくに東シナ海から大量の水蒸気を含んだ「大気の川」がまともにぶつかった球磨川下流域での降水量はすさまじく，球磨村神瀬では12時間雨量が491mmを記録している。

私自身も球磨村渡に居住していてその豪雨を体験し被災した。家族3人で暮らしていた自宅は屋根まで5mも浸水し，着の身着のままで高台の知人宅に避難するしかなく，その高台から自分たちの住む地域が濁流にのみ込まれていく一部始終を目撃することとなった。

みるみるうちに屋根まで浸かっていく自宅。

人の気配が消えた中で，いつまでも鳴り響く踏切の音。

ギシギシと不気味な音を立てて濁流のなかで動き出す家々。

ふと下流を見るとさっきまであったはずの橋がない。

逃げ遅れた人々が救助を待つ状況で容赦なく告げられる市房ダム緊急放流の知らせ。

雨が止み球磨川の水位が下がってからは，ヘドロや汗にまみれながら水害

の後始末に追われるつらい日々が続く。被災した自宅と避難所を往復しながら聞こえてきたのは「川辺川ダムが建設されていれば……」との声。この豪雨災害の被害の全貌や原因が未だ明らかになっていない段階での無理筋の話にやり場のない憤りを感じていた。

そんななか、『熊本日日新聞』に「球磨川への思い　受け止めたい」と題した吉田紳一人吉総局長のコラムが掲載された（2020年9月1日）。あれほどの豪雨災害に見舞われた被災者が、皆、一様に「球磨川は悪くない」と言っているという内容で、私自身の思いとも完全に一致し、私たち被災者の本当の声がやっとマスコミに取り上げられたと溜飲を下げたのを思い出す。

私たちは球磨川やその支流の傍らで代々暮らしてきた。川はしばしば暴れて溢れ水害を起こすが、その日以外の日常ではさまざまな恩恵を存分に与えてくれる。夏の暑い夜でも涼しい川風によりクーラーを必要とせず、子供だけでなく大人たちこそ川に集い、アユやヤマメ、ウナギ等の川の恵みに舌鼓を打つ。私たち球磨川流域に住む住民は、現在の日本ではいまや絶滅危惧種となった川とうまく付き合う術を継承してきた人々だといえる。しかし、あの日起こったことは、過去の水害体験を有していて、川と上手に付き合っていた私たちにとっても想像以上の洪水だった。

今回の豪雨をもたらした大きな要因の一つは気候変動によるものだろう。だとすれば、今後も同じような豪雨の発生が予想される。

このようななかで今後も川とうまく付き合っていくためにも、個別の被害発生の原因を検証することは最も重要である。しかし、国と熊本県は検証する委員会を2回しか開催せず、その検証内容も不十分なまま、唐突に「緑の流域治水」なるものを持ち出して、川辺川ダム建設案を復活させてきた。

2008年の蒲島郁夫熊本県知事の「川辺川ダム計画白紙撤回」宣言以後、この十数年にわたって私たちは治水対策への提言を数多く行ってきた。しかし、私たちが危惧する点については一顧だにされず、なされるべき対策は「ほったらかし」にされて今次豪雨災害を迎えることとなった。災害後にダム建設を望む声が聞こえるようになってきたが、その姿勢は自らの不作為を隠し、ダム建設だけを目的とするものでしかない。つまり、球磨川の治水に

責任をもつべき者がサボタージュしてきた結果がこの豪雨災害だともいえるのではないか。

　この豪雨では，1時間に50mm以上の集中豪雨が，球磨川流域のほぼ全体で発生しているが，とくに人吉市と球磨村，芦北町，八代市坂本町を含む球磨川下流域には，早い時間帯から集中して甚大な被害が発生している。実際にあった現象を検証し，なぜ，このような事態にいたったのかに関する事実の解明こそが最大の課題であると考える。

　「清流球磨川・川辺を未来に手渡す流域郡市民の会」では，豪雨によって球磨川流域で洪水が発生しようとする際，すぐさま現地へと急行して状況を記録し，検証する活動を長年にわたり行ってきた。今回，私自身もカメラやビデオカメラをあらかじめ準備していたため，数百枚もの写真や動画を記録することができた。また，スマートフォンやSNSの普及により多くの方が映像を撮って保存されており，被災体験を伺う際に提供していただくことも数多くあった。ご協力いただいた皆さんにこの場を借りて感謝を伝えたい。

　以下に記述することは，2020年のあの日，私たちが住む地域で実際に起こったことを目撃し，体験したことをベースにするとともに，水害被災者への聞き取りや，提供していただいた写真や映像を分析したことが前提となっている。その状況をよく知りうる被災者が自ら行ったものだ。水害痕跡からの類推やシミュレーション等の机上で導かれたものではないことを念頭においていただきたい。

気候変動の下での豪雨災害についてわかってきたこと

　これまでの治水対策はかえって被害を拡大させているのではないか。

　あの日，大量の水蒸気を含んだ「人気の川」は，東シナ海からやってきて過去最大規模の線状降水帯となった。この「大気の川」が最初にぶつかるのが球磨川下流域の山々であり，結果として，これらの地域では早い時間帯から，誰もが想像することができなかった集中豪雨が降り続くこととなった。いたる所で山々は崩れ，多量の土石と流木を伴った破壊力の強い洪水がありとあらゆる河川で発生し，多数の犠牲者と甚大な被害に見舞われたのが，球

Ⅴ　既存の治水対策は気候変動下で有効なのか　　139

表 2020年7月4日未明 球磨川流域に降った集中豪雨

市町村	河川	観測所	1時	2時	3時	4時	5時
八代市	百済来川	①川岳	10	19	55	72	34
芦北町	天月川	②大野	34	54	38	48	79
球磨村	川内川	③神瀬	29	51	59	78	72
	芋川	④岳本	27	52	40	31	74
	那良川	⑤三ヶ浦	23	64	37	22	51
	鵜川	⑥球磨	27	58	40	21	68
	小川	⑦大槻	29	39	65	74	73
山江村	万江川	⑧大川内	21	36	62	65	61
人吉市	胸川	⑨砂防人吉	24	61	15	3	34
	鳩胸川	⑩大畑	33	26	21	13	32
相良村	川辺川	⑪相良	25	64	18	6	29
		⑫四浦	30	43	56	32	72
五木村	小鶴川	⑬平沢津	2	18	30	61	24
	五木小川	⑭出る羽	5	27	48	77	35
	川辺川	⑮五木宮園	2	33	38	62	42
	梶原川	⑯梶原	4	33	52	80	59
八代市	川辺川	⑰開持	1	24	27	44	28
あさぎり町	田頭川	⑱深田	26	74	27	13	40
	阿蘇川	⑲須恵	27	51	42	22	56
多良木町	球磨川	⑳多良木	24	71	33	21	55
	柳橋川	㉑城山	19	62	26	6	36
	小椎川	㉒黒肥地	21	44	48	28	45
湯前町	仁原川	㉓湯前	23	71	36	23	48

注 国土交通省, 熊本県, 気象庁 (各ホームページ) のデータを利用して, 黒田弘行, 市花保作成。

磨村を含むこの下流域である。

　球磨村 渡_{わたり} では治水対策として, 導流堤や内水対策の排水ポンプが多額の費用をかけて設置されていたが, それらをはるかに上回る洪水が発生し, 3カ所の大型常設排水ポンプは, 私の目前で黒煙を上げて水没していった。地域を守る対策として鳴り物入りで建設された治水施設が, 想定外の豪雨にまったく役に立たなかったことになる。

▨ 30mm/S 以上	▨ 50mm/S 以上	■ 70mm/S 以上		
6 時	7 時	8 時	9 時	9 時間雨量
58	40	13	3	304
32	63	45	8	401
62	73	35	6	465
11	42	44	16	337
7	26	60	24	314
8	31	47	14	314
52	67	30	5	434
66	59	19	8	397
26	42	100	62	367
25	14	77	59	300
17	24	66	39	288
21	35	37	16	342
31	28	8	8	210
49	39	9	6	295
45	44	9	9	284
43	41	10	12	334
24	34	6	11	199
24	44	54	36	338
12	22	50	17	299
28	57	58	31	378
35	45	54	44	327
18	26	41	19	290
31	56	51	30	369

役に立たなかったどころか，むしろ逆に障害となった例も認められた。連続堤防があることで降った雨水は行き場を失い，球磨川からの氾濫よりかなり早い時間帯から堤防内で氾濫（内水氾濫）が発生していた。その氾濫に阻まれたことで，避難が遅れて亡くなった方や屋根の上で救助された方は多数にのぼった。この内水氾濫は救助活動の障害ともなっており，とくに一刻も早く駆けつけるべきだった千寿園への救助の機会を逸することとなった。

この地区では，以前から地元住民が氾濫を危惧して改修を要望していた堤防が低い箇所（JR 肥薩線の小川鉄橋右岸部分）が存在していた。しかし，堤防をかさ上げするには，JR 肥薩線の勾配をその前後にわたって緩くする必要があり改修は困難だとされ，何の対策もなされず放置されていた。そして今回の豪雨によって，住民の危惧どおりの事態が起きた。その堤防が低くなった箇所から先に越流が発生したことで，流れが集中して堤防が破壊されたのだ。この破堤によって氾濫水位の上昇速度が一気に増していった。

V　既存の治水対策は気候変動下で有効なのか　　141

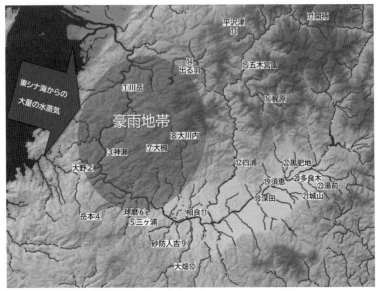

注 国土地理院地図 Vector を利用して市花保作図。
図1 球磨川流域の梅雨期豪雨の特徴 東シナ海から大量の水蒸気を含んだ大気の流れが生じ，その流れが最初にぶつかるのが球磨川下流域であり，球磨村，山江村，坂本町の山間部が豪雨地帯となっている。

　私が目撃した午前5：40には，破堤した箇所から堤防内に流れ込むようすが見られ，茶屋地区を襲った氾濫水が国道に達し，次の氾濫箇所を求めて特別養護老人ホーム千寿園方向へと勢いよく向かっていくところだった。

　球磨川の水が引いた後でも連続堤防は被害を増幅させている。球磨川の水位が下がるにつれて，堤防内の住宅地に氾濫した水が土地の低い箇所へと集中した。そして出口を求めた水は小川合流部左岸の堤防を破壊した。それでもはけきれない水は，翌日の5日夕方まで地下・今村地区を濁水のなかに沈めたままにし，被災者救助や復旧作業に支障が出ていた。

　球磨川下流の球磨村や芦北町，八代市坂本町では，まだ早い時間帯から被害は発生していて，球磨川本川の水位がまだ上昇していない午前2時頃から，ありとあらゆる谷間の名もない支流から土石流が押し寄せている。

　球磨村が発行した災害記録集には，球磨川が溢れ出すより早い時間帯に，球磨川支流の増水によって被災した状況が時系列で詳細に記録されている。

注 「令和2年7月豪雨災害 記憶と検証」(熊本県球磨村)の記述より,国土地理院地図Vectorを利用して市花保作図。
図2 令和2年豪雨では球磨村の被害は球磨川の氾濫より早い時間帯に発生していた

　この被害の多くは球磨川本川で発生したのではなく支流で発生した災害だ。国交省がもくろむ流水型ダムで球磨川本川の水位を下げたとしても一切関係がなく,その被害は防止できない。
　球磨村神瀬の堤岩戸地区では山間部から流れ込んだ濁流が国道まで氾濫し,特に岩戸鍾乳洞からの濁流は激しい流れを生じさせて,逃げ遅れた3人の方が亡くなっている。その際,発生した濁流は堤防にパラペットがあったことでその時間帯はまだ水位が低かった球磨川に流れることができず,国道が川のようになって下流方向に流れていったことを地元の方々が証言されている。
　また,今回の豪雨災害で目立ったのが,土石流の多発と多量の流木だ。球磨村や坂本町の球磨川支流の山間部は被災以前から荒れ放題で,球磨村渡の小川上流にある境目地区から先の村道は崩壊し,災害から4年以上たった現在でも未だに手つかずのままだ。

図3　瀬戸石ダム　上流側より撮影 2020 年 7 月　(撮影：村山嘉昭)

　そして，山間部のあちこちで発生した土石流により川に流れ込んだ流木は，家々を押し流し，橋に引っかかり，水位を塞き上げて被害を拡大させ，ついには 19 もの橋を流失させた。

　球磨川中流に設置された瀬戸石ダム（J-Power 電源開発株式会社）にも流木を伴った洪水は押し寄せた。その水圧はすさまじかったようで，ダム管理用の橋に数十センチもの横ずれを生じさせていた。

　ダム管理用道路のかなり上部に流木が引っかかっていることから，ダムへ流入する水量がゲートを全開した状態の放流能力を超え，ダム左右の道路にも溢れ出していたことがわかる（図3）。

　その結果，ダム付帯設備が浸水して電源を喪失し，何の対策もとれないお手上げ状態であり，洪水の流れを邪魔するただの障害物と化していた。それどころか，川の流れを攪乱することで，破壊的な乱流が生じ，下流の瀬戸石駅付近は完全に流失してしまっている。

　この瀬戸石ダムは，以前から背水現象による水位上昇でダム上流部に浸水被害をもたらしてきた発電専用のダムであり，今回の豪雨災害において，上

流や下流に甚大な影響をもたらしたことは明白だ。最悪の場合，流失した多くの橋と同様にダム本体が崩壊する可能性もあったのではないか。しかし，瀬戸石ダムを設置した J-Power も河川管理者の国交省も十分な検証を怠ったままで責任を認めようとせず，河川整備計画のなかでも一言もふれられていない。

水は低きに流れる—微地形によって引き起こされる洪水被害の分析

　人吉市内では 20 人もの犠牲者がでている。嘉田由紀子参議院議員と私たちが共同で行った聞き取り調査（『流域治水がひらく川と人との共生』嘉田由紀子編著，農文協，2021 年）の結果，球磨川本川の氾濫より早い時間帯に亡くなっていることがわかってきた。

　その聞き取り調査を行うなかで気づいたことがある。被災地を回って被害状況を観察し，当時の話を伺っていくと，場所によって被害の程度に大きな差があるのだ。ある家には激しい流れが家のなかを突き抜けていた痕跡があったのに，近隣にはまったく影響を受けていない家屋があったりする。おそらく地形や構造物によって，氾濫した洪水に複雑な流れが生じていただろうことは想像できるのだが，国土地理院が公開している治水地形分類図を見ることで，その大きな要因が見えてきた。

　この治水地形分類図を見ると，大きな被害の発生した箇所や堤防が壊れた箇所は，その多くが旧河道と呼ばれる川の流れた跡だった。普段は気がつかないが，現在は宅地や水田となった土地であっても微小な高低差が残存していて，その微地形が氾濫した洪水の挙動に大きな影響を与えていることが分かってきて非常に興味深い。水の流れは正直なのだ。

　さらに，微地形が洪水にどのような影響を与えているのかを分析するため，国土地理院の Web 上にある地理院地図を活用してみる。その機能の一つである「自分で作る色別標高図」という機能を利用して，2020 年豪雨によって浸水した地域を 50cm の標高差で色分けした地図を作成した。オレンジ色の部分が標高の高い箇所で，順に濃色（黄色，緑，水色，青）となり標高が低くなっている様子が示されていて，微地形が一目瞭然だ。

　　　　　　　　　Ⅴ　既存の治水対策は気候変動下で有効なのか　　145

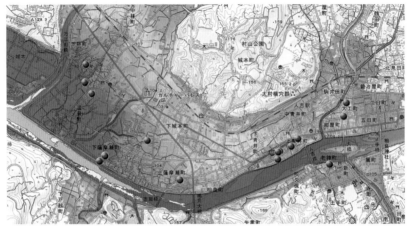

注 国土地理院地図を利用。
図3　微地形から見えてくる災害初期の水の動き

　作成した地図上に，この豪雨での犠牲者がでた地点を黒い丸でプロットしたものが図3である。よく見ると犠牲者のでた地点は，そのほとんどが色の変わる箇所となっていて，そこに高低差があることがみてとれる。土地に高低差があればそこに溢れてくる水には流れが生じる。高低差が大きければ大きいほど流れは速く，水深が浅かったとしても歩くことは困難となり，ついにはその流れに足を取られてしまう。このことから，微地形によって発生した流れが被災者の生命を奪ったともいえる。実際に，押し寄せる流れによって立ち往生したという証言は多く得られており，提供していただいた写真や映像からも観察することができる。

　また，市内を縦横に走る用水路や溝は，この流れを土地の低い地域に素早く移動させる役割を果たす。土地の低い地域では市内の各地域からの水が集中し，浸水した水位の上昇速度が増していく。球磨川が氾濫するよりも早い時間帯から，避難が困難になったり，避難中に犠牲になる方がでていたのだ。

　2015年の水防法改正によって新しい洪水ハザードマップが提示され，盛んにメディアで取り上げられているが，これらのハザードマップのなかで示されているのは，ただ単に最大浸水深でしかない。そこには見過ごされている重要な点があるのではないか。

私たちの調査でわかってきたのは、そこで発生する「流れ」が人命に大きな影響を与えていることだ。生命を守ることにとって本当に大事な情報というのは、どの時点で、どの方向から、どのような流速の水がくるのかという情報なのではないのか。もっとそれぞれの地域にあった細かい情報提供を求めたい。私たちが経験し、検証したことが被害の軽減に役立つものとなることを強く望む。

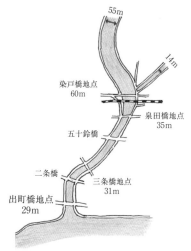

図4　山田川の川幅

川幅と流下能力—山田川の事例から

　人吉市内中心部を流れ球磨川に合流する山田川には、都市計画上の根本的な問題があった。ほぼすべてにわたって連続堤防が整備されていたのだが、上流部より下流の川幅が狭くなっていて、明らかに流下能力が低くなっていた。JR肥薩線の鉄橋上流にある染戸橋付近では川幅が60mほど確保されているものの、その直下流の泉田橋付近は35m、球磨川合流部の出町橋付近では29mしかない。実際、2020年7月には、その川幅が狭くなった泉田橋付近からの越流が、最も早い時間（6:30頃）に発生している。そしてあふれた水は、前述したように旧河道や用水路、道路を伝って危険な流れとなり、低い土地へと流れていった。

　国と熊本県は、山田川をはじめとする支流からの氾濫はバックウォーター現象によって発生したと主張して、川辺川ダム建設計画を持ち出している。果たしてダム建設で山田川の氾濫は防ぐことができるのか。球磨川本流のことだけしか見ず、実際に支流で起こったことに目を向けない姿勢は納得できるものではない。

　2022年にも北陸や東北で線状降水帯による豪雨が発生し、気候変動による豪雨被害は頻発している。これからもこのような豪雨災害が起こる可能性

V　既存の治水対策は気候変動下で有効なのか　　147

図5 樅木砂防堰堤上流に堆積した土砂

を考えると，これまでに行われてきた治水対策について抜本的に考え直す必要があるのではないか。そのためにも雨の降り方や洪水の発生の仕方，災害の発生の仕方がどのように大きく変わったかを具体的に解明することが重要だと考える。

やはり，川を殺すのはダムだった——豪雨災害後の濁水長期化

2022年9月に球磨川流域に接近した台風14号は，幸いなことに2020年のような甚大な被害をこの地域にもたらすことはなかった。しかし，宮崎県に接した球磨川上流部では記録的な豪雨となり，球磨川の水位を急激に上昇させて，市房ダムは満水位までわずか2cmまでの状況に追い込まれて緊急放流放送を行う事態にいたった。今回は，たまたま下流の水位がそこまで上昇していなかったために事なきを得たが，つまり，迫りくる水位上昇に対して市房ダムは，これ以上何もできない「お手上げ状態」に陥っていたといえる。

その後，川の水位が下がった後も，球磨川の濁った状態が長期化し，それまで好調だったアユの漁獲もまったくなくなってしまった。市房ダムと幸野

ダムに貯まった濁水がその大きな要因であることは明らかなのだが，今回は支流の川辺川でも濁水の長期化が生じていた。このような川辺川の濁水長期化は2004年と2005年にも発生しており，上流の砂防ダムに原因があるということが，当時の私たちの調査において判明している。

今回も川辺川上流に行ってみると以前と同じような現象が発生していた。上流の五家荘にある朴木ダム・樅木ダムという大きな砂防堰堤の上流に多量の土砂が堆積，その土砂を削りながら川が流れることで濁水が発生していることを観察できた。さらに，ダムの掩体に開いた穴から水が流れ出す際に，下流にたまった土砂を巻き上げることで濁水を発生させていた。

これらの比較的小さなダムですら濁水の長期化が生じるのであれば，はるかに規模の大きな流水型川辺川ダムで同じような現象が規模を増して発生することは，誰の目から見ても確実だろう。

「川ば壊すダムはいらん」─球磨川流域の住民自身が選択するべきこと

災害復旧の名のもとにコンクリート護岸だらけになった支流や，豪雨後に濁水が長期にわたって続く現在の球磨川は，まさに満身創痍の状態だ。事実，毎日球磨川の濁ったようすや支流がコンクリート護岸に改変されていくのを見せつけられることは，私自身の精神衛生上よろしくなく，ボディーブローのようにじわじわと蝕んでくる。

気候変動に起因する集中豪雨が今後ますます増えることは確実である。

2020年7月の球磨川のような想定を超える洪水の発生がさらに予想されるなか，その被害の原因究明やこれまでの治水対策の功罪の検証が十分になされないまま，これまでと大きく変わらない治水対策に拘泥することは，決して許されるものではない。たとえていえば，必要な検査を行わないために病因が分からない状態であり，原疾患に根本的な治療を施行できず，痛み止めなどの対症療法を施すだけの治療方針と同じものだといえる。

しかし，球磨川において国や熊本県は，あろうことか副作用の強い薬剤ともいえるダム計画を持ち出してきている。ダムの副作用である川への負の影響は，私たち流域住民が一番よくわかっているのにもかかわらず。

今回は「環境に優しい流水型ダムです」といっているようだが，この計画にあるような規模の流水型ダムはどこにも存在せず，その効果や環境に与える負荷については未知数のはずだ。

「最新の治療薬が開発されました。よって，この治療法を採用します」というようなものだが，その治験は一切行っていないというありえない状況にしか思えない。その重要な治験が行われていないために，その治療薬の効果を証明するものは存在しないし，後日，有害事象が発生した際に検証可能なデータすら存在しない。

ここで皆さんに問いたい。

「最新の治療薬で副作用が少なく効果がある」といわれている薬がある。

しかし，その治験は一切行われておらず，一方的に喧伝されている有益な効果についての公開された検証結果は一切ない。ましてや，この薬はやたらと高額で，効果が実際に現れるのは数年を要するといい，どのような致命的な副作用が起こるのかはまったくの不明であるという。

こんな薬，誰が選択するというのか。

もっといい治療法がないかどうか，書籍やネットを検索し，セカンドオピニオンを求めて他の専門医に相談などするのが常だと思うのだが，球磨川ではこのような状況は無視されたままだ。

また，治療法の選択には十分なインフォームドコンセントが必須のはずだが，今回の球磨川の治水計画策定においては，インフォームドコンセントにあたる場は一切設けられておらず，必要十分な議論もなされていない状況だ。

2020年7月のような豪雨災害が再度あったとしても，

ダムができて濁水が常態化する川になったとしても，

その結果，川で遊ぶ子供たちがいなくなった死んだ川になったとしても，

私たち，球磨川流域の住民には，球磨川と共に生きていく道しか選択肢はない。

そうであれば，球磨川流域の住民自身がQOLを重視し，ダムのない清流の維持を選択することは至極当然のように思えるが，いかがだろうか。

2 なぜ，ダムは逃げ遅れゼロを 全住民に強要するのか

黒田 弘行

1 温暖化に伴う豪雨に対応できなくなったダム治水
避難中の住民を恐怖に追い込んだ市房ダム

大雨が降る時，「清流球磨川・川辺川を未来に手渡す流域郡市民の会」（手渡す会）は必ず川の調査に出かけることにしている。これは住民討論集会が開催された時（2001 年）から始めている。下流域は撤去されてなくなった荒瀬ダム地点まで，川辺川は五木まで足を伸ばした。どこでどのような氾濫が発生しているかが主な調査である。出かけるタイミングは人吉地点が氾濫危険雨水位に達する頃である。

2020 年 7 月 3 日午後 8 時から流域の雨量と水位の上がり方をチェックに入ったが，夜遅い天気予報ではそれほどの大雨が降らないようだという報道がなされた。私は眠り込んでしまった。朝方早くに妻に起こされた。怖いほど雨が降っているというのだ。避難を呼びかける市の広報車も走っていったとも話していた。これだと川の調査に出かける連絡が入ってくると思い，出かける準備に入った。6 時頃，手渡す会の事務局長の木本雅己さんから電話が入ってきた。「いま，球磨川にきている，氾濫危険水位に達しているので調査に出かける」という知らせである。ところが，玄関を出たところで再び木本さんから電話がきた。いまから一度避難をする，調査にでかけるのは少し待ってほしいという。

私はカメラを手に球磨川へ急いだ。家の前の道をまっすぐ下っていけば，人吉の水位観測地点の対岸にたどり着く。扇状地を下りきったところで足は止まった。球磨川の氾濫水が川のように流れていた。ここには，避難する必要があるかを判断するために駆けつけた方たちがいた。口々に「こんな氾濫をしている時に緊急放流をするのかよ！」「ダムは何のためにあるんだ！」

V 既存の治水対策は気候変動下で有効なのか 151

と叫ぶ言葉が耳に入ってきた。後日，必死に避難している時に緊急放流を聞いた人たちの心境をうかがうことができたが，2018年に多くの命を奪った愛媛県の野村ダム緊急放流を頭に浮かべた方が多くおられた。緊急放流は流域住民が一番危険な状態におかれた時に行われるものであることだけはしっかりと心に留め置いておかなければならない。

　見出しに「温暖化に伴う豪雨に対応できなくなったダム治水」と掲げたが，市房ダムに関していえば，温暖化といわれていない過去においてもすでに4回緊急放流をしている。1965（昭和40）年に発生した人吉大水害と名付けられ，この災害を根拠にして川辺川ダム建設を正当化した。国と県はこの時は緊急放流はしていなかったと主張し続けている。この時，直接水害にあった人たちが水害体験者の会を立ち上げ，市房ダムが緊急放流をしたから人吉に甚大な被害が発生したと主張し，現在もこの論争は続けられている。

　いまは球磨川に繰り込まれているが当時は亀が淵と呼ばれる集落があり21軒の家が立ち並んでおり農業も営まれていた。江戸時代，相良藩の御家騒動で一族皆殺しの事件が起きていて，この時に亡くなった一族のために建てられた碑がこの集落の一角に存在していた。1965年人吉大水害が発生した時，20軒の家が流された。江戸時代から立っていた碑も流される，かつてない大洪水に見舞われたのは市房ダムの放流があったからだと被災者の方は主張した。この集落は球磨川の河川敷につくられたものであり，まさに水害の常襲地帯になっていたところである。ここに住む方たちはいつもは雨の降り方や川の増水の仕方を見ながら避難の仕方を決めていたそうである。ところが1965年人吉大水害の時は，津波のような洪水が一気に押し寄せてきて逃げ出すのが精いっぱいであったという。この事実がダム放流の最大の根拠となっている。

　市房ダム放流問題の裏にはもう一つの問題がある。市房ダム建設とセットで進められたのが人吉より上流における球磨川の大々的な河川工事であったことだ。川幅の拡張も含め連続堤防で球磨川の氾濫を防御する治水対策が行われた。この時，人吉市を流れる球磨川の川幅はいまの約半分しかなかった。

152

ところで，この河川工事が実施される以前における球磨川流域の水田は山から豊かな土壌を運んでくる洪水を水田に引き入れる人類の知恵が巧みに利用されていた。これは水害常襲地帯の亀が淵の集落が大水害に遭うことなく過ごしてこられた背景にある一つの事実である。

　農業が機械化を伴った近代化の道を歩み出すと，川からの氾濫を拒否するようになり，連続堤防は都市から農村にまで及んでいった。氾濫を起こさない川づくりが都市の水害を拡大させることになり，この矛盾を解決するために登場していたのが治水ダムであった。連続堤防とダムは本来的に一体化したものであり，ダムか堤防かの議論ではなく治水そのものが問われなければならないのだ。ところが治水の世界ではいまなお「ダムか，堤防かの」議論に終始している。1965年人吉大水害はまさにこの問題を提起していたのだ。

　住民討論集会（2001〜2003年）においても基本高水（たかみず）の数値の大きさだけが議論され，「ダム治水」か「ダムなし治水」かの論争に終始していた。当時，私たちもこの考え方に矛盾を感じることはなかった。この矛盾に気づかせてくれたのが2012年の九州北部豪雨であった。この雨が球磨川の流域で降ったら何が起こるかを私たちは真剣に考えた。洪水をダムと河道に閉じ込める基本高水治水そのものを根底から考え直さなければ温暖化がもたらす豪雨災害には太刀打ちできないと考えた。はからずも2017年に発生した九州北部豪雨はこの考えを深めさせてくれた。局所的に1時間に100mm前後の猛烈に強い雨が数時降り続く雨は即その場で激甚な災害を引き起こしてしまうからだ。

　2020年7月4日に球磨川流域豪雨災害が発生した。すでに紹介したように，市房ダムが緊急放流をしなければならない事態に陥ったことはすでに述べたが，ここではこの問題をもっと掘り下げて考えてみることにする。ここで脳裏に留めていただきたいことがある。球磨川流域住民がダム問題に注目したきっかけは市房ダム・瀬戸石ダム・荒瀬ダムが建設されたことで球磨川に大きな変化が生じたことだ。球磨川の豊かな生態系や河川の形態が破壊され，住民の暮らしに直接大きな影響が出てきた。中流域においてはいつの間にか激しい水害常襲地帯になっていった。球磨川流域におけるダム問題は流

Ｖ　既存の治水対策は気候変動下で有効なのか　　153

表1 2020年7月球磨川流域豪雨雨量 (mm/s)

日　時	横谷	湯山	小麦尾
3日21時	12	20	12
22	9	8	9
23	16	13	22
24	7	6	5
4日01時	23	19	2
02	62	61	25
03	39	45	44
04	13	32	67
05	38	48	50
06	46	37	36
07	66	71	30
08	51	56	9
09	27	29	12
累加雨量	492	507	390

注　国土交通省・川の防災情報をもとに作成。

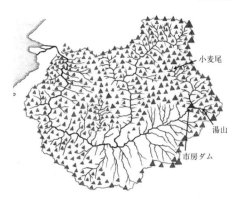

図1　球磨川水系と流域

域住民の暮らしと深く結びついている。

1965年の人吉大水害後，流域の被災者である住民がダム反対の先頭にたった。そこにあるのは，被災しても球磨川・川辺川を破壊するダムはもうこりごりだという意識であり球磨川が流域社会の歴史において重要な地位を占めてきたことを深く認識していることによる。同時に，既存のダムが流域と川に何をもたらしているかを具体的に認識しているからでもある。2020年7月4日，市房ダムはなにをしたかの検証を試みてみよう。

表1は7月3日夜から4日朝にかけての雨量である。湯山は市房ダムに流れ込む湯山川の流域にある集落であり，小麦尾は球磨川源流の直下にある集落である。横谷は市房ダム—幸野ダムの下流側に流れ込む都川の上流域に位置している。

災害後に湯山川を訪れた。花崗岩地帯らしく大きな岩がごろごろと流れ下っていた。湯山川の上流域で非常に激しい洪水が発生したことを物語っていた。雨量をみると，過去2回発生した九州北部豪雨よりはるかに少ない，この程度の豪雨でもこんなに山地を突きくずすのかと唖然としてしまった。

市房ダムは多目的ダムで，堤高 78.5m，堤頂長 258.5m である。市房ダム
は当初は発電ダムとしてスタートしたが建設の最中に多目的ダム法が制定さ
れ，急遽多目的ダムとして造り上げられた県営のダムである。この時，球磨
盆地を流れる球磨川の河川工事も同時に行われた。連続堤防の建設が主な工
事であったが川の拡張なども行われたようだ。さらに市房ダム直下にあった
幸野溝の取水口のあったところをダムに変え，取水口はダムの堰堤にくっつ
けた。それだけではない。幸野溝もあさぎり町を流れる井口川から錦町を流
れる高柱川（小さで川の支流）まで延長し，新田開発を進めた。

　問題は市房ダムと幸野ダムの関連である。放流門は同じにしてあり，市房ダ
ムからの放流した量と同じ量を幸野ダムからも放流することになっているよう
だ。大きな違いは市房ダムが堰堤の上部から放流するのに対し，幸野諾は堰堤
の下部から放流することだ。堰堤の下部からの放流問題についてはのちほど鶴
田ダムのところで論じることにする。

　2020 年 7 月 3 ～ 4 日に市房ダムはどんな働きをしていたのだろうか。**表
2** に掲げる数値は市房ダムにどれだけの洪水が流れ込み，どれだけの貯水を
ダムから放流し，どれだけダムに貯め込んでいたかを記録したものである。

7 月 4 日の市房ダム

　7 月 4 日の 7 時以降は毎秒 580 立方 m 以上の放流を続けている。それで
も 10 時 50 分には貯水位 280.60m に達している。あと 10cm でダムは機能不
全に陥るところであった。私がここで注目したのはダムが貯め込んだ貯水量
の変化である。表 3 のアミカケの部分は何を語っているかである。

　すでに事前放流という操作で洪水が発生する前からダムの水を放流し，で
きるだけたくさんの洪水をため込むことができる体制づくりをする。そし
て，そのまま放流は続けながら発生した洪水をため込んでいく。

　表 3 の数値はダムに貯水されている水位の変化の差を示したものである。ダ
ムに洪水は流れ込んでいるが放流する量のほうが大きいから水位はどんどん下
がり続けている。ところがダムに入ってくる洪水の量がどんどん増えて，放流
する量よりも多くなると水位は上昇に変わる。雨がやみ，ダムに入って来る洪
水の量が減ってくると再びダムの水位は下がりだす。

Ｖ　既存の治水対策は気候変動下で有効なのか　　155

表2 7月4日の市房ダム

時刻	貯水位(m)	全流入量 (m³/s)	全放流入量 (m³/s)
基準値	280.70	300.00	—
7/04 07:00	277.64	154.42	584.96
07:10	277.89	1154.65	585.12
07:20	278.13	1179.68	584.46
07:30	278.38	1184.59	585.33
07:40	278.64	1235.22	585.39
07:50	278.87	1210.26	584.20
08:00	279.08	1109.27	584.59
08:10	279.26	1084.47	583.79
08:20	279.43	1033.89	583.40
08:30	279.60	1008.54	583.60
08:40	279.76	983.55	582.72
08:50	279.91	982.82	582.91
09:00	280.05	933.03	582.80
09:10	280.17	948.31	582.34
09:20	280.27	845.06	582.27
09:30	280.35	818.87	582.21
09:40	280.40	765.99	581.10
09:50	280.45	686.36	581.56
10:00	280.49	712.91	581.04
10:10	280.53	677.45	558.96
10:20	280.56	649.14	580.93
10:30	280.58	650.63	570.52
10:40	280.59	598.85	507.15
10:50	280.60	567.45	580.71
11:00	280.60	612.47	580.63
11:10	280.58	567.96	580.02
11:20	280.56	527.50	579.61
11:30	280.53	500.64	578.83

注 国土交通省・川の防災情報をもとに作成。

ダムにはサーチャージと呼ばれている水位がある。ダムが満杯になり，この水位を超えるとダムにため込んだ水があふれ出してしまうことを教えてくれる目印になる水位のことだ。『ダム事典』（日本ダム協会 http://damnet.or.jp）にはサーチャージ水位とは日本語では洪水時最高水位といい「洪水時，一時的に貯水池に貯めることが出来る最高の水位」のことと記してある。

市房ダムのサーチャージ水位は283mとなっている。このサーチャージ水位のほかに緊急放流の目安という水位がある。この水位は市房ダムでは280.70mとなっている。サーチャージ水位に達しないようにダムからの放流を操作する水位のことである。ダムに入ってくる洪水と同じ量の水をダムから放流すればダムが満杯になってあふれることを防ぐことができる。別の言い方をすればダムのない状態にしてしまうことであり，緊急放流と同時にダムとしての

役目が果たせなくなることを意味する。

国の緊急放流の定義は「ダム上流から流入する水を調節することなくそのまま下流側に通過させること」となっている。この定義にもとづけば，緊急放流をした痕跡はどこにもない。県の緊急放流は「少しずつダムに入って来る水の量に近づけていくこと」とされ，国とは異なった定義である。

もし，市房ダムの上流域で過去2回発生した九州北部豪雨のような1時間に100ｍｍ前後の豪雨が3～4時間降り続いたら，100パーセントの確率で市房ダムはパンクをする。

2022年台風14号と市房ダム緊急放流問題

2020年は梅雨前線による豪雨であったが2022年は台風による豪雨である。

表3　市房ダムの水位

（水位単位：m）

月　日	時刻	ダム水位	水位増減
7月3日	23	272.07	− 0.22
	24	271.90	− 0.17
7月4日	1	271.78	− 0.12
	2	271.77	− 0.01
	3	272.54	0.77
	4	273.71	1.17
	5	275.05	1.34
	6	276.47	1.42
	7	277.64	1.17
	8	279.08	1.44
	9	280.05	0.97
	10	280.49	0.44
	11	280.60	0.11
	12	280.41	-0.19
	13	280.15	-0.26
	14	279.98	-0.17

注　国土交通省・川の防災情報をもとに作成。

球磨川水系流域においてはこの二つの雨の降り方がまったく異なっている。したがって，ダムについても異なる問題が生じてくる。

2020年の梅雨前線による球磨川水系流域における豪雨地帯は東シナ海に直接面している八代市坂本町である。球磨村・人吉市はというと，台風時の豪雨地帯は鹿児島県・宮崎県・大分県に移り，球磨川水系流域では湯前町・水上村・八代市泉町（川辺川上流域）が宮崎県のおこぼれ的豪雨地帯に属することになる。太平洋から流れ込んでくる台風の気流が市房山・江代山・銚子笠・烏帽子岳・国見岳と並ぶ高い山々にぶつかり山越えをする手前に大雨を降らせてしまうので球磨川水系流域は台風がもたらす本体の大雨からは免れる地域なのである。2022年の台風14号はどんな雨を市房ダム上流域で降らせたかをみてみることにしよう。

V　既存の治水対策は気候変動下で有効なのか　157

図2 球磨川球磨川水系（黒田弘行作成）

「球磨川水系河川整備基本方針」（2022年策定）なるものを開くと流域の自然誌が記載されている。流域の自然をふまえた基本高水治水を考えているというポーズをとるための記載のようだ。

球磨川流域の地形・地質・植生が豪雨災害にどうかかわっているかに関する分析は基本方針の骨格にならなければならないものだ。そして，これこそが流域住民が身につけなければならない知識であり，流域で暮らす防災の生きた知恵となるものである。

18日の雨の降り方は典型的な台風雨である。1時間雨量が50mmを超えることはないが20mmから40mm程度の雨がだらだらと降り続く。温暖化に伴う集中豪雨で発生する一気の急激な増水はないが徐々に水かさが増えていく洪水が発生する。これがそのままダムの水位にも表れてくる。

ダムの水位が上昇しはじめたのは17日の16時からだ。それまでは事前放流でダムの水位は下がり続けていた。最初は1時間に10cmくらいであったが，18日になると1時間に30cm・40cm・50cmと増えていき，その日の18時には90cmから100cmに増えていった。

そして19日の4時10分には282.98cmまで上昇した。サーチャージまであと2cmである。2020年の球磨川流域豪雨災害の時は緊急放流の事態に

表4　2022年台風14号の雨量

	小麦尾	千ヶ平	湯山
18日03時	11	16	24
04	9	13	38
05	11	14	32
06	9	13	15
07	4	5	36
08	8	11	31
09	11	13	26
10	11	欠	22
11	19	欠	29
12	24	31	42
13	14	18	32
14	28	33	42
15	29	36	欠
16	28	36	欠
17	16	22	27
18	20	28	29
19	28	38	25
20	26	42	30
21	14	18	32
22	18	24	32
23	23	23	45
24	40	16	33
19日01	79	39	
02	57	51	
03	25	32	

注　国土交通省・川の防災情報をもとに作成。

陥って大騒ぎになったが，2022年の14号台風の時はさらに危険な状態に陥ってしまっていたのだ。それでも大騒ぎにならなかったのは梅雨前線の雨の降り方が異なり，ダムより下流域では大洪水を発生させるような大雨が降らないからである。

　幸いにも，4時にはダム上流の全域で雨がやみダムへの流入量が一気に減ったので間一髪，危機は免れた。これは現場でダムの操作をしている人たちへの非難ではない。野村ダムでは現場で働く人たちの操作ミスが問題視されているが，これはダム治水が抱えている本質的な問題である。ダム操作は自然の偶然の重なり合いを相手にしている。この偶然の重なり合いは現在の科学でも手も足も出ない世界である。この問題を隠したままダム安全神話を振りまく行為こそ，まさに犯罪そのものといえる。

　ダム操作は自然の偶然の重なり合いを相手にしており，常に危機とも隣合わせに置かれている。これこそがダム治水の本質である。

　県河川課はサーチャージ水位あと2センチの危機に陥ったことについて，住民に対し「人吉地点のピークが過ぎるまでダムに貯留を精いっぱい続けた。サーチャージ水位あと2cmまで頑張って貯留を続け，ピークがすぎたので放流した」と説明をした。しかし，これが本当に事実だとすれば，河川課はサーチャージ水位にあと2cmまで待てば人吉のピークは過ぎるという

表5 9月19日市房ダム （サーチャージ：283.00m）

時　刻	貯水位 （m）	流入量 （m³/s）	放流量 （m²/s）
3:00	282.42	1001.56	564.94
3:10	282.55	977.17	604.66
3:20	282.68	939.72	607.38
3:30	282.77	937.06	646.46
3:40	282.84	867.88	648.20
3:50	282.91	812.94	767.58
4:00	282.95	863.40	708.62
4:10	**282.98**	818.63	768.36
4:20	**282.98**	785.94	768.26
4:30	282.97	751.08	767.98
4:40	282.94	721.60	760.12
4:50	282.91	631.95	736.34
5:00	282.88	615.84	678.12
5:10	282.86	638.77	642.00
5:20	282.85	614.65	641.78
5:30	282.84	586.85	641.66
5:40	282.83	587.93	599.36
5:50	282.82	571.71	599.14
6:00	282.86	543.82	598.62

注　国土交通省・川の防災情報をもとに作成。

絶対に確かな情報を手にしていたことになる。サーチャージ水位にあと2cmまでの時刻より先に人吉地点のピークは終わる予測ができていたことになるが，この質問には答えられないし，答えられるはずもない。私は河川課担当者の説明を聞きながらダムをつくることを目的とする河川法を頭に浮かべていた。

市房ダムの問題はこれだけで終わらない。市房ダムの直下にもう一つダムがあるからだ。下流域のダムの直接の影響は，この幸野ダムが直接絡んでくる。

ダムがつくりだすヘドロ問題

市房ダムから流れ出た汚れた水を幸野ダムが受け止める。ここで水は一段と汚くなる。この汚れは球磨川と川辺川の合流点に達しても収まることはない。途中，いくつもの支流からの水が流れ込んでも濁水は収まらない。

市房ダムも幸野ダムも年中，濁水がたまったままである。川にとってダムは何かを考える最良の教科書になる。

濁水が流れているだけではない，ヘドロが球磨川の川底に延々と堆積している。川辺川との合流点にきてもヘドロの堆積は収まらない。これではアユの餌となる藻の生育場所がヘドロでなくなってしまう。1995年の川辺川ダム事業審議会で報告された球磨川の生物に関する資料において，すでにアユの生息場所がなくなったことが記されている。球磨川と川辺川の合流点を真

160

上から覗いてみると球磨川の川底だけにヘドロがたっぷり堆積しているのが見える（図5，6）。

ダムは二重三重の川の破壊を行っている。ダムがつくるヘドロは球磨川だけにとどまらない。幸野溝や百太郎溝にも流れ込み球磨盆地の広範囲に振りまかれている。ダムができる前の幸野溝や百太郎溝は清流が流れ，生活用水の役目や子供たちの遊び場所にもなっていた。

2020年の豪雨災害後，球磨川からの氾濫水はヘドロ混じりで臭くてたまらないということが大きな話題になっていた。ダムができてから流域住民が洪水の氾濫を拒否する態度をとるようになったのも，ダムがつくりだすヘドロ問題が大きい。

図3　市房ダム　多目的ダム，堤高78.5m，堤頂長258.5m

図4　幸野ダム　多目的ダム，堤高21m，堤頂長90.5m

2020年7月4日以降に国と県は支流も含めて大々的に土砂の撤去作業に取り組んだ。もちろん，この蓮華寺橋地点の土石撤去も行われた。しかし，2022年9月に発生した14号台風で再び多量の土石が流れ込んできた。幸野ダムからの激しい放流が大きな役割を果たしている現象である。これだけではない。1カ月以上経っても幸野ダムからのヘドロ水の放流は収まっていない。

ダムができるまでは，この鮎之瀬地点の球磨川で子どもたちが泳いで遊んでいた。その当時，ここには鎌倉時代につくられた井手があった。流域の住民が球磨川に入るときは「ごめんくだし」とあいさつをしていた。川と住民

Ⅴ　既存の治水対策は気候変動下で有効なのか　　161

図5 合流点　左側が川辺川，右側は小さで川

図6　球磨川の川底だけにヘドロが堆積している

の深いかかわりを読み取ることができるあいさつだ。

　ここに堰がつくられたのは2000年のことである。当時，国は多自然川づくりというお題目を掲げて魚道づくりを大々的に行った。とくに球磨川には力を入れた。球磨川ダム水環境改善事業という名目で魚がのぼりやすい川づくりと称して魚が生息することができない球磨川にわざわざ魚道付きの堰をつくったのだ。

　球磨川見ダム水環境改善事業の一番の売りは瀬戸石ダムに設置した魚道であった。瀬戸石ダムの魚道もまったく効果なし。この瀬戸石ダムも2020年7月4日に行った放流で下流域に甚大な被害をもたらした。

　国や県はダムに洪水をため込む効果だけを宣伝しているがダムがもたらす弊害は限りなく大きい。その一つとして緊急放流問題もある。

　緊急放流は流域住民だけではなく川にも大きな打撃をもたらす。川が受ける打撃はまた新たな災害を起こす準備をしたことになる。温暖化に伴う豪雨が頻繁に発生するようになればなるほど，これがより深刻な問題として流域住民に重くのしかかってくる。この具体的な例を熊本県・宮崎県・鹿児島県を流れる川内川でみることができる。

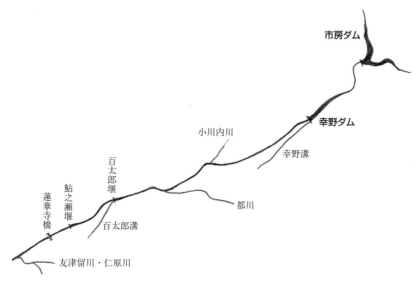

図7　市房ダムより下流のようす

2　ダムはなぜ逃げ遅れゼロを住民に求めるのか
川内川に建設された鶴田ダムに学ぶ

　鶴田ダムは川内川にある。1972年に緊急放流を行い，下流域にある宮之城町に大きな被害をもたらした。川辺川ダム計画が持ち出された後であったので人吉市の住民は強い関心をもち，現地調査にも出かけている。

　その時，入手した「宮之城復興誌」が手元にある。この復興誌は川内川の治水の歴史から記述を始めている。

　そこには「川内川の改修工事は下流域は昭和6〔1931〕年から，上流域は昭和23〔1948〕年から進められ，それぞれの成果をあげた。しかし，終戦前後の森林の乱伐や異常降雨に加え，これまで遊水地効果を上げていた上流域の改修が進んだため，洪水量の増加や洪水時間の短縮などにより，下流域の洪水量はますます増加し，計画の再検討を迫られてダム建設案が浮かび上り，昭和41〔1966〕年には西日本最大の多目的ダムが完成した」と記されている。

　この復興誌の最後には「ダム再開発で洪水調節機能がたかめられたので流

Ⅴ　既存の治水対策は気候変動下で有効なのか　　163

図8 2020年7月4日以前の球磨川　幸野ダムからの放流がない時の球磨川は川底にたまったヘドロだけが目立つ

図9 7月4日，球磨川　激烈な洪水でストーンリバーに変身させられた

域の安全は確保された」と書き込まれている。

　しかし，2006年に再び緊急放流を行い，下流域に位置する虎居地区に甚大な被害をもたらした。手渡す会はこの時から現在にいたるまで度々調査に出かけている。わたしは当時，日本を離れていたので緊急放流直後の現場には出かけていない。図15，16は帰国後に現地を訪れた時のものである。

　その後，緊急放流を行った国交省の見解を調べたが，全職員が一致協力して但し書き操作に従って操作をしたことだけを強調し，再々開発に向けた話になっている。これではどんな再々開発をしても三度同じことを繰り返すだけのことであろうと思わずにはいられなかった。

　人吉市では1965年の大水害以降，ダム放流には敏感に反応する人が多く，鶴田ダム放流問題にも関心は強い。手渡す会でも最初のダム放流災害から現地に出かけ，さまざまな調査を手がけてきた。私は2006年の放流以後，度々現地を訪れている。ダムと災害とのイタチごっこがなぜ起きるのかについて，解明したいと問題意識をもって出かけている。

　1959年には基本高水は毎秒4100m^{3}とし，計画高水は毎秒3500m^{3}と策定して鶴田ダムを計画した。ところが，1972年のダム放流による災害を受けて1973年には基本高水を毎秒9000m^{3}とし，計画高水も毎秒7000m^{3}に変更

し，ダム再開発を筆頭にさまざまな治水対策を施した。ところが，すでに紹介したようなダム放流による激甚な災害が発生し，再び，ダム再開発に大々的に取り組んだ。

2017年，国交省は温暖化に伴う気象変動に備えて「ダム再生ビジョン」なるものを発表した。このダム再生ビジョンのモデルとなっているのが鶴田ダムである。まず，目にとまるのが放流能力の増強という項目である。ここには「鶴田ダムにおいては，ダムを運用しながら大水深で放流管の増設を行うことにより，死水容量をへらし，洪水調節容量を増大させる事業を実施している」とある。緊急

図10　14号台風後の鮎之瀬堰直下　堰を乗り越えて大きな石が流れ込んできている。緊急放流の爪痕である

図11　鮎之瀬堰直上

放流の怖さを気にしている流域住民にとってはぞっとするようなことが書かれている。続いて，高機能化のための施設改良という項目に目がとまる。「ダムの洪水調節機能を十分に発揮させるため，流下能力の不足によりダムからの放流の制約となっている区間の河川改修等を重点的に実施する。放流能力を強化するなどのダムの再開発と下流河道の改修を一体的に推進することにより，ダムの治水機能を向上させる仕組みを構築する」ということが書き込まれている。

ダム再生ビジョンがモデルとする鶴田ダムの再開発もダム放流に対応する放水路や連続堤防の完備も終わった2021年8月12日，緊急放流事態に陥っ

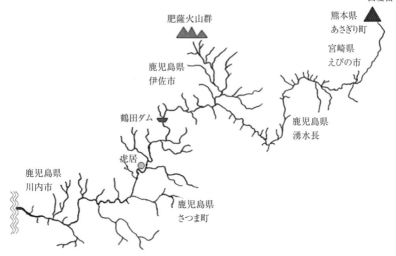

図12　川内川水系

た。テレビに国交省の河川課の課長と気象庁の課長が並んで登場し，緊急放流を行わなければならない事態になる可能性が出てきたので，緊急放流を開始する前に流域住民は避難するよう返し呼びかけていた。ダムの貯水容量を大きくすればするほど，緊急放流の危険性も高まることを流域住民に訴えている放送とも受け取れる。ダムの建設や再開発を行うときは安全性だけが一方的に強調され，大雨予報が出されるとこの態度が急変し，早めの避難がこれまた一方的に強調される。

　貯留能力を高めるために堰堤の右側に設置してある発電用の放流管に位置を下に下げた。堰堤の中央部には上段と中段に放流門が設置されているがさらに左側の上段と一番下にも放流門を設置した。

　重要なのは下の放流門である。従来のままであれば，発電の放流管より下の貯水はずっとたまったままであり，少しでも多くためたい治水の側からみればムダなものでしかない。事実，この水は死水と呼んでいる。この死水を堰堤の下から抜き取ってしまえば洪水時にたっぷりため込むことができる。

　下段にも放流門を付けたのはこのためであり，国交省自慢のハイテク治水

技術である。

緊急放流と聞き，木本さんの車で鶴田ダムへ向かった。到着時には雨もやみ，緊急放流は免れたが次の大雨に備えて放流が続けられていた。

当初は堰堤の中央に取り付けられている中段の放流門からも放流されていたようだ。私たちの一番の関心は堰堤の下からの放流であった。

堰堤の下からの放流の激しさは尋常ではない。ダムの放流のための川の開発を呼び込む実態を自分の目で確認することができた。同時に，頭に浮かんだのが流水型の川辺川ダムであった。

川辺川ダムを建設しようとしている相良村の地形が頭に浮かんできた。川辺川ダム建設を計画している相良村の多くの集落は川辺川沿いに集中している。集落が点在する川辺川沿いの地形は谷底平野と呼ばれている。

ダム建設予定地はV字谷渓谷と呼ばれる地形であり，美しい景観をつくりだしている

図13　4.3mの標識　虎居地区で一番印象に残った痕跡

図14　鶴田ダム　ダム直下の山が突き崩されてしまった姿が強烈な印象であった。2005年1月1日撮影

図15　ダム再生ビジョンに登場する現在の鶴田ダム
2014年5月9日撮影

ところである。ダム建設は美しい景観を破壊することから始まる。Ｖ字谷を抜けると谷底平野と呼ばれる地形に変わる。水田が姿を見せ，集落が点在する。

　2020年7月球磨川流域豪雨災害時，相良村の谷底平野の水田に土砂を伴った洪水が流れ込んでいった。この時上流に大きなダムがあり，緊急放流をしたらどんなことが起きただろうか。

図16　鶴田ダム　2021年8月12日撮影

　谷底平野は非常に氾濫しやすい地形である。川辺川ダムは直下に位置する住民のことを考えなければならない。清流は消え，ヘドロ水が流れる日本一汚い川辺川に変わってしまうのだ。

　緊急放流で一番危険にさらされるのはダムの下流に点在する集落である。この川辺川にはもう一つの問題がある。川辺川が球磨川と合流する地点からすぐ下流の流れは狭くなるだけではなく直角に曲がって流れるようになっている。だから，この合流点には大切な氾濫原があった。ところが，国は川に堆積した土砂をこの氾濫原に積み上げ，流域で一番大切な氾濫原を奪ってしまった。これからは流域治水だと大宣伝をしながら，実際にはその真逆の行為を平然とやっている。川辺川ダムで水位を下げるから氾濫原などは不要であると言わんばかりの行為である。

　ところがその一方で，人吉市の大柿地区には強引に遊水地を建設しようと躍起になっている。大柿地区は人吉市で球磨川の一番下流域に位置している所である。

　そういえば、流域治水の代名詞は「やれることは何でもやる」であった。

緊急放流を想定すると合流点流域にある集落はこの上なく危険にさらされることになる。命を守るという名目でつくられたダムから命を守るために流域住民は避難しなければならない。これを私は次のように認識している。ダムをつくること自体を目的化させてしまっている河川法の下で，当然起きてくるダム現象である。

図17　谷底平野に位置する相良村

　2022年に発生した14号台風は宮崎県に大雨を降らせた。たちまち，多くのダムが緊急放流の事態に陥った。この現象は，温暖化に伴う気象変動に治水ダムは対応しないことを告げる警鐘と受け止めたい。

図18　大切な氾濫原に積み上げられた土砂
2021年4月16日撮影

Ⅴ　既存の治水対策は気候変動下で有効なのか

VI 安全・安心を掲げる治水策がなぜ住民の土地と暮らしを奪うのか

1 ダム建設計画が復興を疎外し続けている

木本 雅己

相良藩が鎌倉時代からつくり上げてきた人吉の歴史

図1 『球磨川絵図』 江戸中期に描かれた絵地図

　この絵地図からわかるように，人吉市は城下町である。
　球磨川流域のこの地域に人が住みはじめた歴史は古く，遺跡，遺物などか

図2　賑わっていたかつての九日町通り

図3　球磨川下り（1963年）

ら，すでに旧石器時代（紀元前2万6千年ごろ）には人々が生活していたようだ。醍醐天皇（898〜921年）の時代の『和名類聚抄』に，球磨郡に球玖・久米・人吉・東村・西村・千脱の六郷があると出ている。人吉の語源の一つに，人吉が，当時，日向（宮崎県），薩摩（鹿児島県）佐敷（熊本県芦北町）を結ぶ交通の要衝であり，「舎」つまり宿があり，これを"ひとよし"と読んでいたため，「人吉」となったとする説がある。

「鎌倉時代初期の1193年（建久4年）に相良氏が人吉の地頭に任ぜられ，その後は形を変えつつも明治時代の廃藩置県まで相良氏による統治が行われて

> ～希望ある復興を目指して～
> 球磨川と共に創る　みんなが安心して住み続けられるまち
>
> ## 復興の基本方針
>
> 復興ビジョンを支える基本方針を次の3項目とし，復旧・復興に力強く取り組みます。
>
> 1. 安心・安全な地域づくりに向けた復興
>   今回の経験を生かした防災減災の取り組みを推進し，災害に負けない，安心・安全な地域づくりに向けた復興を目指します。
>
> 2. 未来への希望につながる復興
>   この地域の自然，歴史，文化をこれからも大切にしながら，単に元の姿に戻すだけではなく，人吉をさらに発展させ，未来への希望につながる復興を目指します。
>
> 3. 市民一丸となって取り組む復興
>   これからも，ここに生きる喜びと誇りを感じ，人と人との絆が広がっていくように，市民一丸となって人吉らしい復興を目指します。

図4 「人吉市復興基本方針」（2020年9月25日）

いました。」（人吉市HPより抜粋）

　私の住んでいる九日町は，文禄三（1594）年，第20代の相良藩主相良長毎の時代に整備された商人町で，城下では最も古い七つの町のうちのひとつである。江戸の町よりも古い歴史をもつ。記述によると，1800年ころの人口が250人ほどで，現在の人口よりも100人ほど多くの人が住んでいたことになる。

　下流の八代市から川沿いに鉄道が開通されるまで人吉，球磨地域は陸の孤島と呼ばれていた。住民は川を物流や交通の動脈として利用するのが日常だった。川に面して造られた町家からは川へと下りる階段があり，川舟により運ばれた商品が荷揚げされ，表通りの店先に並べられる。旅人は川から舟に乗って旅立つ，明治42（1909）年に鉄道が開通するまでは，文字通り川と共に生きる生活をしていた。この町に一番多くの人が住み，にぎわっていた時代は昭和20（1945）年代後半で，400人ほどが住んでいた。街路の両側

Ⅵ　安全・安心を掲げる治水策がなぜ住民の土地と暮らしを奪うのか　　173

図5 「復興まちづくりニュース」（2021年8月1日）

図6 地区別懇説会「中間報告会」資料 （人吉市HP）

には商店が軒を連ね，銀行，旅館等もあり，市一番の繁華街だった。

しかし昭和35（1960）年，上流の球磨川に市房ダムと連続堤防が建設されると，この町に変化が現れ始めた。清流は年々汚くなり，昭和40（1965）年には異常な出水による洪水に見舞われ，町のほとんどの店が商品を濡らしてしまう事態が起きた。商店街の人びとは自然の河川の洪水には対処する知恵をもっていたが，ダム放水や連続堤防による出水の早い洪水には対処する術をもっていなかった。町がその後衰退していったのは，むろんダム等による洪水だけが原因ではないが，ダムと堤防という誤った治水政策が町の衰退の一因であることは間違いないだろう。

図4は人吉市が洪水後の復興について策定したビジョンである（2020年9月）。サブタイトルには，「球磨川と共に創る みんなが安心して住み続けられるまち」とあり，球磨川が人吉市の復興にとって大きな力となることをうたっている。

この復興ビジョンにもとづいて，市民から復興まちづくりの意見を聞く地域懇談会が，市内の8会場でそれぞれ5〜6回にわたり開催された。

被災した住民にとってこの会は復興への一縷の希望をつなぐものだった。被災後の復旧作業に疲れながらも多くの人が集い，洪水へのさらなる不安や，復旧への夢を語った。

清流球磨川・川辺川を未来に手渡す流域郡市民の会（手渡す会）の会員もこの会合に参加し，復旧のための意見を述べた。

20名の死者はなぜ生じたか，膨大なヘドロや流木はどこからきたのか，第四橋梁の決壊と洪水の甚大化との関係について，基本高水治水を柱にしたまちづくりが災害をどのように大きくさせたのか，などについて，今回の洪水の原因究明から始めることが町を復興させるためになすべき最初である趣旨の意見書を出した。しかし2021年になって市が策定した案は，「球磨川と共に創る」という言葉とは関係のない道路，公園，下水道整備をもって復興と安心，安全をはかるというものであった。区画整理事業を中心とした一部地域を復興の中心とするもので，8地区の被災住民が述べた意見はほとんど反映されていない内容である。

市はどのような復興案を出してきたのか

人吉市青井地区

緊急輸送道路及び避難経路として地区の防災性を図るものとして地域を縦断している国道445号線の幅員14mを標準とする。また区画道路については，狭あい道路や未接道敷地を解消するとともに，避難路としての機能を確保できるように幅員6m以上を標準とする。公園及び緑地街区公園は誘致距離，避難地としての機能，避難路とのアクセス等を配慮しながら，周辺住民の憩いやレクリエーション，青井阿蘇神社と連携した賑わい・観光交流の空間として，適宜配置する（「復興まちづくりニュース」Vol.5より抜粋）。

青井被災市街地復興土地区画整理事業に指定された区域（5.2ha）では，地域住民の復興の夢とはかけ離れた過度な道路拡幅・増設と公園整備の案が提

出されている。14m 道路は広すぎるという住民の意見も多くあり，減部や換地により土地の形も確定していない状況で地区の合意形成は無理な状況と思われた。しかし熊本県と人吉市は多くの住民の反対の意見を無視し，事業を強行している。被災した住民にとって生活の再建が急務であり，県，市の事業計画に異議を唱え，よりよい地域の場を模索し，よりよい町を再建しようとする余力は残念ながら感じられない。

人吉市街地地区

九日町・紺屋町など中心市街地地区復興まちづくり事業として，紺屋町被災市街地復興区画整理事業地域に指定された施行区域（1.2ha）では，青井地区と同様に道路整備と公園整備がメインとなっている。1.2ha を含む中心市街地地区の被災市街地復興推進地域には球磨川の支流である山田川が貫流しているが，そこに洪水以前と同じ高さの堤防道路を設置し，その道幅を 6m に広げることにより堤防道路を利用し，にぎわいの場をつくる案や 1.2ha の区画整理事業区域の一帯をかさ上げして洪水から防御する案が示された。さて，地域の人々の意見はというと，「2 年前の洪水は（山田川）上流からの氾濫の水が流れ込んだもので，この地区の堤防の厚みを増しても効果はない」「自分たちの地区をかさ上げした分，隣の地区の浸水被害が大きくなるだけで，公平ではない」などの意見が多く聞かれ，区画整理事業の実施には紆余曲折が十分に予想された。しかし県，市は区画整理事業が復興への一番の早道だと地域への説明を繰り返し，被災者の不安に十分に応えぬまま事業の正式決定がなされ，現在事業は進行している。

時間の経過に伴い，当該地域の多数の市民がこの事業への賛意を示すようになった。その理由は，人吉市青井地区と同様に生活再建を優先したものと推測される。一方で反対の意思を表明する地権者が存在し，さらには 1.2ha 外だが被災市街地復興推進地域内の地区住民の反対意見も根強く残っている。反対の理由は，復旧・復興・繁栄の姿が見えない，区画整理事業が完了するまでの期間が長い，治水対策が示されておらず再び洪水被害に見舞われる，山田川の河川改修事業の完成年度が示されず地区の事業の終わりが見えない，等である。この地区の混沌とした状態は，丁寧な合意形成を欠く県・

市の事業策定プロセスであったがゆえに，残念ながら永く続くと考えられる。

人吉市大柿，中神地区

人吉市の最下流に位置する大柿，中神地区では，掘込式型遊水地（2ha，深さ8m）が案として提示された。この地に遊水地を設置しても，人吉市街地はもちろんのこと，下流の球磨村，芦北，八代市での水位低減効果はまったくといってよいほど見込めない。効果が見込めず優良農地とコミュニティを破壊するこの施設に対して，地域住民は以下のように意見している。

・遊水地・懇談会後に質問や他の案を提示したが，回答がまだもらっていないなか，進められている。
・上流の治水対策や堤防を高くするなどの他の方法も検討できるはずなのに現在の遊水地の計画では納得できない。科学的な根拠をふまえて計画を推進してほしい。
・大柿地区住民だけでなく，他地区に住んでいる大柿出身の人が帰郷し，懐かしむ場所がなくなることになれば残念に思う。
・地区内で話し合い，11/6に示された遊水地案に反対することに決定した（R3.11.20懇親会発表）。要望書を提出したので検討してほしい。土地を残す案を再度考えてほしい。遊水地の配置は，以前検討されていた引き堤の位置にすれば，土地を残すことができるのではないか。
・意向調査等に関して遊水地に対する賛成・反対を知りたい。
・遊水地内にある墓地はどうなるのか。
・治水対策・遊水地を決めるよりもまず河道掘削をやるべきではないか。
・ダムの計画的放流を。市房ダムの調整を行ってほしい。瀬戸石ダムの撤去は出来ないのか。
・流木が河川にかかって，流れが悪くなっている。改修して河道を確保してほしい。
・この地区別懇談会には，農水省も出席して進めるべきではないか。山林保護も必要。

（2021年12月6日大柿地区・地区別懇談会の抜粋，人吉市作成）

こうした住民の意見からも遊水地設置に疑問や，反対の声が多いことは十分に推測される。しかし人吉市は，改定した人吉市復興まちづくり計画（2022年3月版）のなかで，「大柿地区については，遊水地計画を前提とした集団移転等，復興まちづくりの議論を引き続き進める必要があります」とまとめている。ここでも住民無視の施策が進められる。

その後大柿地区においては集落移転の計画が提案されたが，対岸の離れた土地が候補地だったため集落の意向をまとめられず，移転計画は実施されなかった。優良農地をつぶし，共同体を壊してしまう施策を推進すれば大柿の将来的な発展は考えられない。現在の場所で生活再建を望む住民も存在し，遊水地の建設は膠着状態に陥っている。

国の「流域治水」に基づく遊水地建設を人吉市が被災地の復興の一環でサポートしているのが現在の構図だが，住民間での対立やコミュニティの崩壊を促す「流域治水」「復興まちづくり」を国と市が協働して推進，というディストピアが展開されている。

人吉市全体では

発災後，被害が甚大な地域は被災市街地復興推進地域とされ，2年間の建築制限（新築，増築，改築，移転）が課せられた（球磨川右岸，青井地区・中心市街地区の延べ21ha）。このことは地域の復興に重大な支障をもたらした。さらに区画整理事業区域では制限の延長がなされたほか，次項で述べる住宅建設をはじめ，中川原公園の樹木を皆伐し不可解な橋の再建工事をしたり城見公園を開発したりするなど，ショックドクトリンさながらの事業や住民が望む復興支援策の不在といった状況が，被災した地区で数多散見される。

浸水リスクの高い被災地区内での災害公営住宅建設

2023年3月30日『人吉新聞』は，豪雨災害で住宅を失った被災者が入居する災害公営住宅の整備に向け，人吉市は浸水被害にあった九日町，大工町に整備する事業者と場所が決定したと報じた。ほとんどの市民は，報道によりその事実を知らされた。のちに明らかになるが，建設予定地は豪雨災害時

に 1.5m 以上が浸水する土地で、インフラ復旧も一朝一夕にはかなわなかった。また、流域の5市町村12地区で建設される災害公営住宅のうち、唯一の「土地建物買取型」で、事業者の選定はプロポーザル方式、選考プロセスは非公開のまま行われた。そうして選定された事業者には地元選出国会議員の親族が経営する建設会社が、建設予定地は地元選出県議の親族が保有する土地が、共に含まれていた。ともあれ、3月30日の報道を受けた近隣住民は、驚きと共に人吉市に対し住民説明会を要求することになる。

　同年5月、事業者による説明会が行われたが、近隣住民らは説明に納得できず、「災害公営住宅建設反対の会」を5月中に発足させ、署名活動をはじめさらなる住民説明会の開催を要求、計画見直しによる浸水地域外の安全な場所への建設を求め、人吉市へ要望書を提出するなど、浸水地域への建設反対のための活動を展開する。また、人吉市議会経済建設委員会への陳情、情報開示請求、市民への情報の配布など様々な活動を行い、最終的に建設反対の署名2840筆を集め、市長へ提出した。本署名は3カ月ほどで集められ、市の有権者数の約11％に相当する。しかし市は、事業推進の立場を崩すことなく、被災者が懸念する建設地の被災リスク、接道の狭い商業地に5階建てが建設されることによる景観破壊や近隣住民の日照権の侵害といったリスク等についても、真摯に検討し応えることはなかった。

　同年9月には「災害公営住宅建設反対の会」に賛同する市民が「九日町・大工町の災害公営住宅の建設計画の白紙撤回を求める市民の会」を結成し、市議会議員への公開質問状送付や、市及び事業者への抗議、申入れの提出、人吉市監査委員への2度にわたる監査請求を行った。2度目の監査請求は、建物の購入費用の差し止めなどを求め723筆に上ったが、市の監査委員は「市に財産的損失を生じさせるおそれは認められない」として請求を棄却した。その後「九日町・大工町の災害公営住宅の建設計画の白紙撤回を求める市民の会」は名称を「命の大切さと公正な人吉市政を求める会」に変更し、317名からなる原告団を結成。2024年3月1日には、松岡人吉市長を相手取り、熊本地方裁判所人吉支部に提訴した。

　原告団は裁判の中で、以下の点を明らかにすることをめざしている。

①なぜ不適切な場所（浸水地域）に造るのか

選考に応募した3社のうち，選考されなかった2社は，浸水地域ではない土地を建設候補地としていた。だが市は，ハザードマップで浸水すると明示された土地を選んだ。水害により被災し家を失った人々の復興住宅であるにもかかわらず，再び浸水リスクの高い不適切な場所を，なぜあえて選択したのか。

②人吉市の条例に反してまで建設を強行する理由は何か

「人吉市営住宅等の整備基準を定める条例」第7条には，「災害の発生のおそれが多い土地及び公害等により居住環境が著しく阻害されるおそれがある土地をできる限り避け」とある。条例の精神に明らかに反している。

③不十分な説明で強行する理由は何か

4度にわたる住民説明会で，市民から出たさまざまな疑問，質問に人吉市はきちんとした説明を行っていない。情報開示請求により入手した資料の多くが黒塗りになっており，決定に至るプロセスが不明で合理性・妥当性・公正性が担保されていない。

本項の冒頭で言及した通り，元の土地の所有者や建設業者が，国，県の議員と親戚関係や縁戚関係にあること，選考時の評価項目や評価点に不備や疑義が多数存在すること，接道が4mと狭く災害時の緊急車両が通行しづらい等の疑問を，住民は感じている。

流水型ダム建設を前提とした被災地の復興計画の危うさ

以上の復興をめぐる問題の元凶は，球磨川河川整備計画にある。

国は，流水型ダムが建設されれば，人吉市に洪水が発生しない由の宣伝を繰り返し行っているが，青井，紺屋町，九日町の地域の災害は市を貫流する山田川という支川の氾濫が最初に起こり，人命損失という事態を引き起こしている。球磨川本川にダムを造っても洪水を防御することは不可能である。

川と共に生きる地域づくりを住民の手に

親水という言葉がある。水と親しむこと，水や川に触れることで水や川に

対する親しみを深めることを示す言葉だという。比較的新しい造語で、主に都市空間を流れる河川や都市のなかにある自然型の公園を想起させる。私はこの言葉を初めて聞いた時に、自然な河川から離れて暮らしている人が圧倒的に多いのだという事実を思い知らされた。

図7　鮎漁

図8　川下り

　私の住む町人吉市には中央に川が流れている。というよりは川が造った土地の上に町をつくり、そこで生活をしているのだ。明治期に鉄道が開設されるまでこの町の物流は川が担っていた。人々は材木を下流へと流し、下流からは引き船で物資を運び上げるという営みを永い間繰り返してきた。人々の生活の中心に川は常に存在していたのである。

　時に川は氾濫し、私たちの生活の場を脅かすなどしたが、人々は川との付き合いのなかで、いかに被害を回避するかの知恵ももっていた。

　鉄道や道路網が整備されていくとともに川の役割は変化していったが、川と共に暮らすという生活、自然な親水観というものが流域の住民の心のなかにありつづけていたと考える。

　鮎漁や川下り（図7, 8）、ラフティング、子どもたちの遊び場、人々の散策の場、清流が人々にもたらす恩恵は測ることができない。くり返しになるが、川という身近にある豊かな自然が激変したのは、上流でのダム建設とそ

Ⅵ　安全・安心を掲げる治水策がなぜ住民の土地と暮らしを奪うのか　　181

図9 現在の球磨川

図10 川辺川（2022年）残された数少ない清流

れに伴う連続堤防の建設である。1960（昭和35）年に球磨川上流の水上村に治水，利水を兼ねた多目的ダムが建設されると，まず河川の水質が徐々に悪化していった。ダム建設から3年目には川の汚染が進み，子どもたちが川で遊泳することが禁止になった。それから1965（昭和40）年7月に起きた洪水被害である。ダムのない川の洪水しか経験していない流域の人々は，ダムゲートを操作して放水量を変える人為的な放流と，その流れを加速させる連続堤防がもたらす急激な水位上昇の洗礼を受けることになり，家財や商品を失うことになった。住民はダムという人為的な建造物に対する嫌悪の念をもったが，行政はこの洪水を防止するためにはさらなるダムの建設が必要だと，暴挙を画することになる。これが第一番目の川辺川ダム建設計画である。清流を守りたいという流域住民の粘り強い闘いにより2008年，相良村，人吉市の首長がダム反対を表明し，それに追従する形で蒲島郁夫熊本県知事が，「球磨川そのものが守るべき地域の宝」という表現でダム建設計画を中止させたのである。

　2008年のダム白紙撤回を求める表明から2020年の洪水までの12年間の間に，「ダムによらない治水を考える場」という協議会を国土交通省が音頭をとって始めた。この茶番ともいうべき協議会については本書Ⅲ章に詳しく

述べられているので割愛するが，その間にも山林の広域な伐採は進行し，膨大な土砂が河川に堆積しつづけ，流域のほとんどの河川の自然環境は悪化の道をたどっている。

筆者の子供時代には川底が深く水量も多いために，こわくて泳ぎにはいけなかった場所が，平常時に水の流れない河原に変わってしまっている（図9）。ダムができ，コンクリート張りの川になると川そのものも破壊されていった。

2020年7月の洪水が起きると，国，県は原因究明もそこそこに，流水型ダム建設計画を打ち出した。同年11月，蒲島知事は「流水型ダムで清流と命を守る」と言明，ダム建設へと舵を切りなおし，自らの姿勢を180度転換させたのである。

2020年洪水の正体を探ると，それは温暖化，森林の乱伐，堆積土砂の放置，第四橋梁問題など，いずれをとっても人為的なものである。流域住民はそのことをよく知っており，球磨川は悪くないと，口々に言う。球磨川はいつまでも宝なのである。どのようなダムも清流を濁水に変えてしまう。知事の変節により流域ではダム反対の運動が再燃している。流域の人々の心に，清流を守ることが地域を守ることだという意識が高揚している。

2 ダムに翻弄される五木村
―苦悩いつまで

寺嶋 悠

五木村の概要

　五木村は，人吉球磨盆地の北端に位置し，村全体が九州山地の脊梁地帯に位置し，村の中央を川辺川が南北に貫流している。標高 1000 ～ 1500m の山岳が連なり，平坦部は少なく，深い峡谷が縦横に走る急峻な地形で，総面積 252.92km^2（東西 20.7km，南北 17.5km）の 96 ％を山林が占めている。人口 937 人，世帯数約 466 世帯（2024 年 8 月現在）で，九州で最も人口の小さな自治体であり，高齢化率は 50.8 ％（2024 年）となっている。

　先史時代の遺跡が発掘されるなど，五木に人が暮らした歴史は古く，歴史書に登場するのは 12 世紀である。33 人の旦那衆と呼ばれる地主を中心にお堂や神社を中心とした小集落が形成され，また集落の祭りや伝統芸能，食文化，焼畑など，豊かな山村文化が育まれた。江戸末期から明治，大正にかけて銅山開発，大正から昭和にかけて水力発電所建設（チッソ株式会社，電源開発株式会社）なども行われた。

　全国に広く知られる「五木の子守唄」は，NHK ラジオで放送終了の際の音楽に使用され，戦後の貧しい暮らしのなかで，哀愁を帯びたメロディと歌詞は全国に知られるようなった。著名になった理由は，昭和 25（1950）年に古関裕而が編曲して，民謡歌手や著名歌手が歌ったことによる。村には「正調五木の子守唄」と呼ばれる子守唄の元歌が伝わっている。

　風光明媚な土地で，村内には樹齢 500 年の宮園の大イチョウ，大滝自然森林公園，白滝公園，中心部には道の駅子守唄の里五木，宿泊施設「渓流ヴィラ ITSUKI」，歴史文化交流館「ヒストリアテラス五木谷」などが整備されている。冷涼な山間地の気候や地形を活かした，原木栽培しいたけや在来柑橘「くねぶ」商品，ホワイト六片にんにく，五木茶，そば，乾燥たけのこ，

山菜などの農林産物，豆腐の味噌漬け，鹿肉加工品，地蜂蜜などの特産品がある。

ダム計画に翻弄された60年—川辺川ダム計画による移転規模

川辺川ダム計画では，相良村北部と，五木村中心部と南部の川沿いの集落が水没することとなり，両村あわせて1697人，553世帯が移転対象になった。

二つの村のうち，とくに五木村はダム建設計画による影響を最も直接的に受けてきた。全村民の約半数が水没予定地住民となり，村外か村内への移転を迫られ，村中心地の公共施設移転，地域共同体の解体と再編，農地の喪失，代替的生計手段確保の難しさなどが大きな課題となり，ダム計画により村の過疎高齢化に拍車がかかった。さまざまな生活基盤整備事業がダム計画関連事業予算とひもづけられたことにより，ダム進捗が村の振興事業を左右してきたのである。

表 ダム建設による水没予定地の概要

五木村		(昭和56年4月29日補償基準日現在)
人口（全体数）	1,457人（全村3,356名）	水没率 43.4%
世帯（全体数）	493世帯（全村1,019世帯）	水没率 48.4%
面積	244.3ha（244万3000km²）	内訳：田／19ha，畑／35.9ha，山林／139.9ha，宅地／21.0ha，その他／28.5ha
公共施設	村役場，高校，中学校，小学校(2)，森林組合，診療所，農協，消防署，保育所，駐在所，郵便局，公会堂(3)，児童館，営林署，商工会，神社，寺院，発電所(2)，県道，村道，林道，鉱区権(3)，漁業権	
地区	小浜，金川，清楽，野々脇，大平，逆瀬川，板木，下谷，三方谷，頭地（下手，田口，溝ノ口，久領），高野，土会平	

相良村	
人口（全体数）	240人
世帯（全体数）	60世帯
面積	68.928ha（68万9,280km²）
公共施設	小学校，公会堂
地区	藤田（32世帯），野原（28世帯）

出典 「川辺川の四季」建設省川辺川工事事務所，1983年。

「ダム絶対反対」から，分断・対立へ

1966 年のダム建設計画発表当初，村は行政・議会・水没予定地住民ともにダム建設反対を表明した。しかし，国と県による圧力は強く，ダム建設を受け入れることによる地域振興計画，財源確保などが示された。当時地域外のダム反対世論は弱く，運動体としては形成されていなかったこともあり，村のダム反対の声は孤立していった。村が将来を見通せないまま歳月が過ぎるなか，1 日も早くダム建設を受け入れ，ダムによる生活再建，地域振興を進めるべきだとの声も高まり，平和な山村に，ダム建設計画賛否をめぐり，村を二分する分断と対立が生まれた。

代替地造成，農地造成，国道や県道の付替・改良，村道の付替などは「生活再建事業」と呼ばれ，ダムを前提とした地域振興計画のなかに盛り込まれ，小さな村は徐々にダム受け入れへと傾いていった。

ダム建設反対裁判，急激な離村

五木村では，三つの水没者団体が作られ，そのうちの一つ，五木村水没者地権者協議会は，1976 年に「ダムは村民の生存権を脅かす」としてダム基本計画取消しを求めて国を提訴した。しかし，その係争中の 1981 年，村とほかの二つの水没者団体（川辺川ダム対策同盟会，五木村水没者対策協議会）は，移転のための補償基準に合意，調印した。

移転先の代替地造成などが決まらない中の調印だったこともあり，その後わずか 3 年間で水没予定地住民の 45 ％が離村し，人口は急減した。「ダム反対を続けることが村を衰退させる」との村内での批判を受け，地権者協議会は 1984 年にやむなく控訴審を取り下げ，国と和解した。

こうして，水没予定地住民の間からダム反対の声は消えたものの，補償基準や生活再建，地域振興をめぐって国との協議は続き，村は 1996 年になってようやく正式にダム本体工事に同意した。

代替地移転と人口減少

川辺川ダム計画では，移転先として，五木村内に 6 カ所，相良村に 2 カ所

の代替住宅地造成が計画された。1981年から民家の補償への調印が始まったにもかかわらず、代替地造成はまだ計画段階であった。代替地完成は大幅に遅れ、役場などほとんどの公共施設の移転先となった最も大きな頭地代替地は、1996年に造成が開始され、2001年に完成。2002年から2005年にかけて移転が行われた。

このような事情もあり、五木村の水没予定の493世帯のうち、最終的に7割が離村し、大きく人口が減少することとなっ

図1　川辺川ダム「基本計画取り消し」提訴の報道
(『熊本日日新聞』1976年6月28日)

た。代替地のなかには、造成したものの結局誰も移転しなかった場所もある。村中心地では、農地をつぶす形で代替住宅地造成が計画されたため、自給的農家は生計手段を失うことにもなった。

五木村「ダム推進」のなかでのダム建設中止

五木村が村全体でダム建設に同意し、ダム前提の村づくりと、村中心地の代替地造成や移転準備が始まった1990年代半ばに、人吉や八代、熊本市などでダム反対市民運動が形成された。川辺川利水訴訟が始まり、「時のアセスメント」やムダな公共事業見直しの世論が高まり始めたが五木村長や村議会は、ダム建設反対の世論の高まりに強く反発し、「ダム事業の失速によって村の将来計画の実現が遠のく」と、積極的なダム建設推進を表明するようになった。

利水訴訟の原告農家側勝訴、収用裁決申請取り下げ、地元相良村・人吉市の首長のダム反対表明を経て、2008年、蒲島郁夫県知事がダム建設反対を

表明した。直後，五木村では猛反発の声が上がった。村中心地の移転はほぼ完了していたが，村の東西の谷を結ぶ頭地大橋，基幹道路の国道445号線付替工事などが未完成だったことが大きな理由である。これらの財源は，ダム関連工事として，川辺川ダム建設の進捗とひも付けられているため，ダム建設が中止になることで根拠となる財源がなくなり，完成の目処が立たなくなるためだ。「今さら中止するなら，自分たちは何のために移転したのか」「中止するなら元の村に戻せ」とのやるせない思いも，県，国への反発につながった。

「ダムなしの地域づくり」の進展

ダム建設反対表明後，県は条例と特別基金をつくり，残された五木村の地域振興事業の財源を確保し，ダムを前提としない地域づくりが進むことになった。国，県，村と協議の上で，優先的に進める事業と凍結する事業を整理し，進捗にあたった。

現在，ダム建設計画中止後の水没予定地の取り扱いや地域振興に関する法律は，日本に存在していない。そのため，川辺川ダムの水没予定地とされた地域は，1972年の指定以来「河川予定地」として位置づけられている。五木村中心部には，村内で最大の平地が広がっており，地域振興や産業振興のために村が利活用したいと考えても，原則として新たに建物を建てたり利用したりすることができなかった。

しかし，ダム建設計画中止以降は，村，県，国との三者協議のなかで，現行法上の緩和措置として水没予定地の利活用が許可されることとなり，村と住民による利活用の検討が行われ，その一部として総合運動公園（五木源〔ごきげん〕パーク）や宿泊施設（渓流ヴィラITSUKI），貯木場などが整備された。

ダム中止後は，五木村の資源を活かした村づくりとして，「ふるさと村づくり計画」を策定し葉枯らし天然材による産直住宅「五木源（ごきげん）住宅」のブランド化，間伐材を利用した「木の駅プロジェクト」，在来柑橘「くねぶ」特産化や商品開発，ジビエ特産化，アウトドアスポーツの振興（バンジージャンプ〔高さ66m〕，カヤック体験，ツリークライミングなど），体験型観

光交流イベント（そば打ち体験，フットパスなど），道の駅子守唄の里五木を中心とした物産振興，歴史文化交流館ヒストリアテラス五木谷企画展開催など，村と住民が中心となりさまざまな取り組みを展開してきた。

　また，県職員が村役場に派遣され，本庁の担当部署と連携して，財政面での支援とあわせた人的支援も行ってきた。県による五木村振興基金は2008年から10年間続き，さらに2019年から5年間延長され，村づくり計画が進んでいた。

ダム計画復活と現在の五木村

　そのような中で，2020年7月に球磨川豪雨が発生。五木村でも数軒が床上浸水し，道路決壊などが複数箇所で起きた。

　同年11月，知事の表明を受けて，国は流水型ダムとして再び川辺川ダム計画を復活させた。県知事は，ダム計画容認の数日後，「地域振興基金の10億円増資」という手土産を持って，五木村長や議会に説明に赴いた。その後，1年半以上が過ぎた2022年6月に，ようやく県は村民向けの説明会を開催した。その場で示された「ダムを前提とした村づくり計画」は，ダムを観光資源にすることや，現在国が推進しているIT技術利活用など，紋切り型の「地域振興」事業であった。

　国や県の方針に対して，村の多くの方から「再び翻弄されたくない」「村づくりの取り組みが遅れる」との不満や戸惑い，不安の声が聞かれた。望んでいないダム計画を受入れ，紆余曲折を経て決まったダム建設中止を受け入れ，その後ダムなしの地域づくりを進めている中でのダム建設計画復活には，住民との合意形成プロセスは一切なく，一方的なものだった。

　ダム建設計画復活直後，早々に振興予算の話を持ち出した県知事の姿勢に対しても，反発の声が起き，その後示された地域振興策は「絵に描いた餅のような非現実的なもの」，「バカにされているような気持ち」「親の代からダムによって苦しめられた。私たちは一体何世代ダムによって苦悩させられるのか」との声も出た。

　2023年1月，熊本県は五木村振興に20年間で総額100億円の財政支援を

VI　安全・安心を掲げる治水策がなぜ住民の土地と暮らしを奪うのか　189

表明した。法的にダム事業に五木村の合意は必須ではないが、ダム建設を進める上では不可欠とされる。五木村長や村議会は「ダムに同意していない」という姿勢を保ちつつ、3月に国交省による独自の環境アセスメントが始まると、その結果をみて判断すると表明した。

同年5月には、100億円の地域振興基金も財源に当てた、国・県・村による「"ひかり輝く"新たな五木村振興計画」が策定された。ダム中止後に進んでいた「ふるさと村づくり計画」を引き継いだもので、医療・福祉・教育の推進や産業の創出、生活基盤整備、交流人口拡大などが盛り込まれた。五木村側の希望で、新たな振興計画からは川辺川ダムを前提とする文言は削除されたが、国、県はダム推進姿勢を崩さず、振興策を進めつつ村のダム合意へはたらきかけを続けた。

環境アセス手続きが終盤に近づいた2024年4月、村民集会が開催され、五木村長がダム計画復活後初めてダム容認を表明した。環境アセスや振興策を評価した上で、川辺川ダムを前提とした村づくりに取り組む方針を発表した。参加した村民の間からは、村長の方針を歓迎する声も出される一方で、「ダムを前提としない地域振興策は考えないのか」「下流は本当にダムを望んでいるのか」「一方的な発表ではなく、村民と議論を尽くすべき」等の意見も出され、一枚岩ではない複雑な村民の思いが垣間見られる。

ダム計画とひも付けられる五木村の未来

国は、流水型川辺川ダムが完成すると貯水により村中心地の水没予定地が10年に1度以上の大雨で水没することを明らかにしている。2023年から始まった国交省独自の環境アセス手続きの中では、ダムによって中心地の宿泊施設や運動公園などの施設が使用不可能になったり、川の使用に支障が出たりすることが示されたが、宿泊施設については「移転を含め検討」、公園等は「土砂撤去して管理を行う」と述べるにとどめ、具体的な対応策や見通しは明らかにされていない。今回、五木村がダム容認に転じる際、一度は自ら切り離したはずの「ダム前提」の村づくりをあえて表明したのは、ダムを前提とせずに、これら振興施設移転や造成予定地となる平場造成を含む振興策

を進めることに限界を感じたためとされる。

　ダム建設計画がある限り，村の地域振興も，村の財政も，ダム建設計画の行方に左右されることになる。ダム建設計画の停滞が村の地域振興の停滞になり，そして流域住民の間に分断と対立が起きる……という過去の轍を踏むようなことは，あってはならない。

　1960年からのダム反対・受け入れという，村内で最も厳しい対立・分断の時代に，当事者だった方々はすでに70代後半以上になっている。ダム問題の当事者はその子どもの世代，孫の世代へと移りつつある。長い間，村内ではダム問題はその複雑さゆえにタブー視された経緯があり，現在でもその名残りがある。村で暮らす世代には，公務員や公的な職業，建設業に従事している方も多く，そういった人はダム問題への言及には消極的である。ダム問題による意見の違いは，血縁地縁関係が張りめぐらされた村の中では，日常の人間関係にも影響を与える。村の将来を大きく左右することでありながら，話題にしたり本音を話したりすることが容易ではないという難しさがある。村の将来を担う住民自身が，自ら村の将来を決めることができない状況のもと，ダム問題の復活は，五木村の人々の暮らしの中に，さまざまな形で影を落としている。

　　Ⅵ　安全・安心を掲げる治水策がなぜ住民の土地と暮らしを奪うのか　　191

3 2020年球磨川流域豪雨災害と 人吉市大柿地区の集団移転問題

黒田 弘行

　遊水地とは，川沿いの土地に水を引き込み，あふれた水を一時的にためるものである。遊水地による治水は，2008年の川辺川ダム白紙撤回以降，国と県，流域市町村が代替案の一つとして検討してきた。人吉市を含む流域17カ所を候補地としたが，具体化していなかった。

　2020年7月豪雨災害後の治水策として，川辺川流水型ダムのほか県営市房ダムの再開発，河道掘削などが検討されていたが，遊水地の整備が2021年3月27日，九州地方整備局八代河川国道事務所が候補地の住民説明会という形で具体化した。

　堤防の決壊で地区のほぼ全域が浸水するなど甚大な被害を受け，地区の半分以上（20ha）が遊水地の候補地となった人吉市中神町大柿地区約60世帯に対し，人吉市は集団移転を提案した。2022年3月19日の説明会で，松岡隼人市長は「命とコミュニティーを守るため」だとして地区外への移転への理解を求めた。

　国が検討している掘り込み式遊水池（調節池）では，用地は国に買収され住民は農地としての利用も居住もできず移転を余儀なくされる。移転問題に揺れる大柿地区について，詳しくみていきたい。

1　2020年7月4日の大柿地区

　図1をみる限り，人吉市中神町大柿の地形は球磨川の氾濫原のように思えるのだが，国土地理院の治水地形分類図によれば台地となっている。

　歴史的にみて大柿地区は市街地のような氾濫常襲地帯ではない。2020年7月7月4日についての聞き込み調査では，午前8時ころ，橋を渡って右岸側の高台へ避難したという話や，9時過ぎに上流から大洪水が一気に流れ込ん

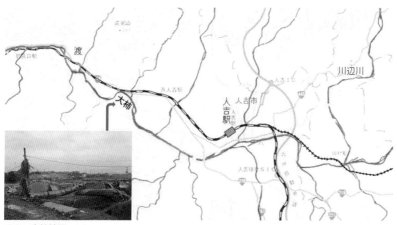

図1　大柿地区

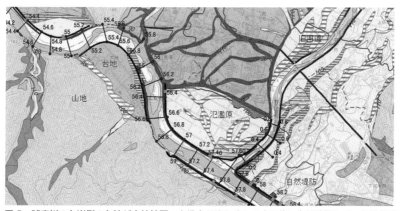

図2　球磨川の左岸側の台地が大柿地区　大洪水が流れ込んでくる前に全員避難していた防災意識の高い地区である。

できたという話を住民から聞いている。

　大柿地区に流れ込んできた大洪水を検証すると，まず，川辺川との合流点に架かる球磨川鉄道の鉄橋に大量の流木が押し寄せて流れをせき止めた。このダム化により，流域に大氾濫を引き起こした。その後，連続堤防の決壊により崩壊し，大洪水となって人吉市街地へ一気に流れ込んだという特殊な洪水である。

Ⅵ　安全・安心を掲げる治水策がなぜ住民の土地と暮らしを奪うのか　　193

図3 大柿地区に設置されていた樋門 堤内から撮影（2020年7月11日）

　多くの住民は市房ダムの緊急放流と混同しているように思えるが無理からぬことである。住民は人吉の市街地へ流れ込む支流からの大氾濫で危機状態に陥っている最中に市房ダムからの緊急放流の警報を耳にしたからである（緊急放流は直前に回避された）。正しく検証しなければならない県と国は，2020年球磨川流域豪雨災害を利用して川辺川ダム建設に必要な事象づくりを整えるだけである。

　私たちは被災直後，大柿地区にも足を運び，大柿地区全域をくまなく歩いた。市街地のようすから想定していた以上の大氾濫が目にとまった。痕跡を丁寧に見て歩くと，上流から流れ込んできた洪水が下流側へ流れ込んでいったようすが浮かび，台地である大柿地区そのものが球磨川の一部になってしまったようであった。この考えが正しいことは，大柿地区の最下流側に設置されている樋門が証明していた（図3）。

　球磨川の堤防の内側に建てられた電柱に注目していただきたい。電柱に引っかかった漂流物の痕跡から氾濫水は大柿地区から球磨川へ流れていったことを示している。氾濫水の水深も読みとれる。

　この位置に立った時，球磨川から流れ下ってきた洪水がそのまま大柿地区へ流れ込み，流れ下っていった姿が見えてきた。

2　治水によって災害が激甚化した大柿地区の氾濫

　治水対策により大氾濫が引き起こされる。これこそが，大柿地区にとって最も深刻な問題である。大柿地区は人吉盆地の集水域に位置していることを頭において人吉市を流れる球磨川の流れをみてみよう。球磨川の堤防や護岸が一直線になって大柿地区に延びている。

　流域への氾濫防止だけを意識した治水対策であることが一目瞭然だ。流域全体の安心・安全を考えない治水は必ず新たな災害を呼び込むことになる。この典型をこの大柿地区でみることができる。連続堤防で洪水を川に閉じ込めて下流域へ一気に送り出す治水対策が，いかに危険な事態をうみだすかを教えている。大柿地区の大氾濫である。

　ところが日本の社会においては災害が発生すると，その都度「もっと徹底した治水対策を」とか「抜本的な治水対策を」と口走り，既存の治水施設がどのような振る舞いをしているかには目を向けない傾向があるようだ。これが小学生でも気づく治水と災害のいたちごっこの根源である。

　私たちは2020年球磨川豪雨災害の実態を徹底的に分析する取り組みを通して，この問題を強く実感した。温暖化に伴う豪雨災害は既存の治水施設がどのような災害を激甚化させているかに関するいくつもの事実を知ることができたからである。私たちはこの治水そのものが抱えている矛盾とどう向き合わなければならないか真剣に考えるようになった。その一つが川の流れである。

　私たちは住民討論集会開催（2001年）をきっかけに，洪水が発生すると川に出かけ，どこでどのような流れになるかを調査するようになった。

　そこで強く意識するようになったのは川のつくりだけではなく，流域の地形そのものであった。

　川は自らの働きで地形をつくりだしながら，同時に地形を反映した流れをつくりだしている。洪水による災害を考えるうえで一番大切なことは，地形を反映してどんな流れをつくっているかを知ることである。図4の白い部分は川の氾濫原であるが，この氾濫原はどの川の氾濫原かを知ることも重要である。球磨盆地の氾濫原は球磨川のものであるが，人吉盆地の氾濫原の多

Ⅵ　安全・安心を掲げる治水策がなぜ住民の土地と暮らしを奪うのか　　195

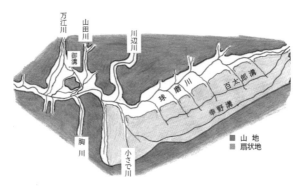

図4 人吉盆地（万江川と山田川の氾濫原） 球磨盆地（球磨川の氾濫原と扇状地）

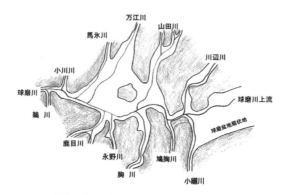

図5 人吉盆地を流れる川

くは万江川や山田川のものである。人吉の市街地で亡くなられたのは万江川と山田川の氾濫である。自分たちが居住している土地は万江川や山田川の氾濫原であり，万江川や山田川の領域内にあることを意識していることが防災上欠かせない。

　また，川は地域性の非常に強い自然である。ダムと連続堤防で洪水を川に閉じ込めれば，洪水による災害は防御できるとする非常に単純な治水の論理がまかり通るようなものではないことを人吉盆地を流れる川が教えてくれている

　大柿地区は人吉盆地の集水域に位置している。集水域であると同時にすぐ

図6

　下流に位置している球磨村の渡(わたり)地区は日本三大急流の中流域の入り口でもあり，山地に挟まれ，ゆとりの少ない形態をした川になっている。

　しかも，ここには流域で一番の豪雨地帯に属している山地から流れ出す鵜川・小川川・馬氷川・万江川が流れ込んでいる。渡地区の氾濫原や大柿の対岸側にある氾濫原は氾濫原として重要な役目をもっているところである。ここに連続堤防を築いて，川の領域を奪ってしまった。この治水対策は二つの激甚な災害を誘発させてしまった。

　その一つが，中流域に流れ込む入り口に設置されていたJR肥薩線の第二橋梁が7時30分に，すぐ上流に架かる相良橋は8時23分に，そしてその上流に架かる沖鶴橋は8時30分に押し流されてしまった。

　図6のように，大柿地区を流れる球磨川にはそれなりのゆとりがある。川辺川との合流点に架けてある鉄橋がダム化を引き起こしていなければ，2020年7月4日に降った豪雨で発生した洪水は大柿地区にあふれることなく悠々と流れていたはずである。大柿地区には，昔から多くの人が住み着いてきた客観的な根拠がある。

　日本においては従来，いわゆる氾濫原を水田として開発し，氾濫原のなかに形成された自然堤防を宅地として開発した。こうした住み分けは見事なものであった。大柿地区のような台地であればなおさら，人々が住み着くとこ

Ⅵ　安全・安心を掲げる治水策がなぜ住民の土地と暮らしを奪うのか　　197

ろであった。人吉盆地の集水域といってもわずかな地形の違いが人々の暮らしに大きな影響をもたらしている。

人吉盆地に持ち込まれた治水対策が，集水域にもたらしたもう一つのものは集落への未曽有の大氾濫である。中流域に流れ込む入り口に位置する渡地区茶屋という集落では多くの家が地上部分を車庫にするなどしたピロティ建築で洪水の氾濫に対応していたが，集落のほとんどが家屋全壊し，約30戸の居住者全員が移転するほどの氾濫が引き起こされた。氾濫原のなかでの出来事である。

大柿地区が人吉盆地の集水域に位置しながら茶屋集落のような大氾濫を免れたのは地形が大きく影響している。とはいえ，大柿地区にとっては想定外の大きな洪水が流れ込んできたのは確かだ。この大洪水は川辺川の山地からやってきたものでなく，偶然に合流点に架かる鉄橋が流木によりせき止められ，ダム化したことに起因する。それが一気に大柿地区に猛烈な勢いで流れ込むことになった。市街地を流れる球磨川に連続堤防が完備されたことも大きな要因の一つになっている。

1965（昭和40）年人吉大水害をきっかけに球磨川に持ち込まれた治水対策が，大柿地区にとっては好ましくないものとなったことは事実である。堤防の存在により，中流域の山地に降った豪雨がもたらす洪水が一気に人吉盆地の集水域に流れ込んでくるからだ。台地といえども，球磨川への異常な堆砂が放置されてきた現状も含め，移転問題が出てくる要因の一つになる。

3 無責任な市の移転強制

図7に示した氾濫図は，国交省が検証委員会に提示した実績氾濫推定図である。大柿地区よりも氾濫の激しいところが市街地にもある。人吉盆地の集水域とは別に市街地の集水域もある。ここが人吉市で一番浸水深の大きいところである。

浸水深だけでは死者をうんだ要因はみえてこない。氾濫水がどのような流れをつくったかが決定的な要因となる。この重要な側面を治水議論の世界では無視している。

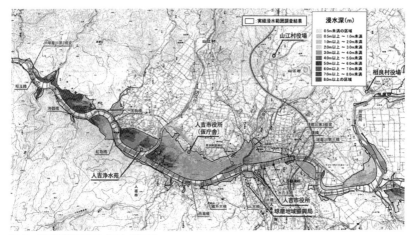

図7 実績氾濫推定図（国土交通省）

　2020年球磨川豪雨災害後，大柿地区の治水対策について，当初国は遊水地を整備し，隣接して宅地と農地を整備して住民の暮らしを再建する方針であった。しかし，人吉市は洪水が発生すれば住民が孤立することになり危険だとして，2022年3月，地区のすべての世帯に集団移転するよう求めた。中神地区と大柿地区で住民説明会を重ねたが，同年11月には大柿地区については合意形成が困難として個別移転へと方針を変えている。国の遊水池の設備の方針に変更はないという。

　市は大柿地区においてどのような大氾濫がどのように流れたかを調査することなく，2021年3月，国交省は「球磨川水系緊急治水対策プロジェクト」を策定した。プロジェクト中の遊水池の候補地として大柿地区を挙げ，住民説明会を開き，大柿地区の住民たちに移転を求めた。本来，市に課せられている責務は住民と共に豪雨災害の実態を現場で検証し，何が問題であり何を課題に取り組まなければならないかを住民と共有することである。これこそが民主主義社会における行政の取り組みである。

　ところが，この原則が破棄され，話し合いを表看板に強制移転を押し付ける一方的な説明会を繰り返すだけの権力行政になってしまっている。この背後には何があるのだろうか。

私が注目しているのは，移転問題と遊水池問題がほぼ同時に大柿地区に持ち込まれたということである。強制移転の背後に遊水池問題があるとすれば，ダム建設のために行われる強制移転問題と同等の質をもつ。
　遊水池といえば，明治期の政治家田中正造の名が挙げられるだろう。渡良瀬川遊水池をつくるために強制移転を押し付けられた村に住み着き，村人と共に立ち退き反対の住民運動に田中が身をおいたことは忘れてはならない。

4　なぜ，大柿に遊水池か

　2020年球磨川豪雨災害以降，国・県・市が口合わせしたように「これからは流域治水です。やれることはなんでもやります」と口にしていた。ダム・堤防・遊水地などを整備し，水害を減らすというのだ。この背後には，豪雨災害にダム治水が対応できなくなったことを隠そうとする意図が見え隠れする。

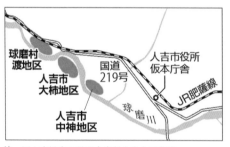

注　国土交通省の説明会資料をもとに作成。
図8　遊水池の主な候補地（●）

　国土交通省によると，人吉市の遊水池設備候補地2カ所で全遊水池の計600万トンの貯水のうち4分の1程度を想定しているという。
　ダム治水が対応できなくなった主要因は二つある。一つは短時間でダムが満杯になり，機能不全に陥ってしまうこと，もう一つは温暖化に伴う豪雨災害の特徴は豪雨が降ったエリアに即，激甚な災害を引き起こすことである。川辺川にどのようなダムを持ち込んでも中流域の山地に降る豪雨がそこに流れている支流の流域に引き起こす災害を防止することはできない。

それでもダム治水が止められないのは，川の開発事業で最大の経済効果を
もたらすからであろう。それとも，河川法遵守の精神にもとづくものなのだ
ろうか。日本中の川をダムで埋めつくしても，豪雨災害は年々激甚化の一途
をたどっている。

　この問題は，川辺川ダム計画においてもみることができる。ダムの必要性
がすべて「大ウソ」に終始しているといっていい。

　2020年球磨川豪雨災害発生直後に飛び出した，川辺川ダムで洪水の6割
をカットすることができたという「大ウソ」から始まり，流水型ダムで命と
清流を守るという「大ウソ」でダム建設のための河川整備計画づくりのお膳
立てを行う。ダム治水計画は温暖化による気候変動に対応するという看板を
掲げながら，2020年の豪雨災害の観測値は蚊帳の外に放り出し，1972（昭
和47）年の豪雨の数値をもとに計画を立てる。

　川辺川ダムは1965（昭和40）年豪雨災害をきっかけに，昭和の豪雨で計
画されたものである。現在では，雨の降り方・洪水の起き方・災害の発生の
仕方すべてが大きく変わったため，温暖化に伴う豪雨は川辺川ダムには適応
できない。

　こうした川辺川ダム治水をごまかすために必要なのが「やれることはなん
でもやる」という言説で狙われたものの一つが大柿地区に持ち込まれた遊水
池づくりである。大柿地区に暮らしている人たちを強制移転させて，どこに
暮らす人たちを守るというのか。

　洪水が発生する時，中流域の流れを危険なものに変える働きをするものと
して瀬戸石ダムが一番の要因といえる。この問題についての解明はまったく
されていない。たとえば，瀬戸石ダム直下に位置している瀬戸石駅と隣接す
る民家を押し流してしまう激甚な洪水がどのように発生したのかを具体的に
解明した時，どんな対策が必要かもみえてくるのではないか。中流域にとっ
て，大柿地区の遊水池はまったく不要なものでしかない。

　もう一つ，中流域で発生した激甚な災害の多くは，中流域豪雨地帯の山地
から流れ出している支流で発生している。

　図9は中流域を流れる川内川の流域で発生していた災害である。川内川

図9　川内川流域　点在する集落のいたる所でこのような災害が発生していた（2020年10月2日撮影）

は険しい山地のなかだけを流れる川である。川内川の上流域から球磨川合流点までのいたるところでみられる災害であり，この流域に降った豪雨の激しさを物語るものでもある。

　中流域の豪雨災害の主要な課題は球磨川の上流域の治水対策に依存することではなく，それぞれの支流とその支流の流域において何が災害を激化させたかに関する実態を解明することである。

　現在，大柿地区で起きている移転問題は国が持ち込んできた遊水池づくりとセットで市の行政が主導するものに変わってしまっている。しかも，大柿地区に遊水池をつくる客観的根拠のない流域治水ありきの遊水池づくりとセットの集団移転強要という治水の権力だけが独走している。

　私たちがいま求めているのは，治水における権力の暴走にストップをかけ，温暖化に伴う豪雨災害の事実をみなが共有することである。

VII ダムでさらに大きな災害を呼び込む危険な球磨川水系河川整備計画

1 流水型川辺川ダムでは命も清流も守れない

緒方 紀郎

流水型ダム（穴あきダム）とは

洪水時の河川は大量の土砂を流下させるので，ダムに土砂が堆積することは避けられない。そのため，ダムの下流や海に土砂が供給されなくなり，日本でも多くの砂浜がなくなり，海岸線も後退している。貴重な国土が削られていくわけだ。他にも河川の水質悪化，河川環境や生態系への悪影響，広大な自然や人々の住まいを水没させる，ダム災害を引き起こすなど，ダム建設は流域の自然環境や人々の暮らしにさまざまな問題を引き起こしている。また，どんなダムでも土砂に埋まり，将来寿命を迎える。

そのためか近年，国土交通省などが進める新たなダム建設では，ダムの目的を洪水調節のみとし，穴を河床付近に設置して普段は水をためない「流水型ダム」がみられる。

流水型ダムの宣伝パンフレットには，「普段は川に水が流れ，ダムに水が貯ま

図1 流水型ダムの宣伝パンフレットの図
（国土交通省）

ることはありません。そのため，土砂の流下や魚の遡上を妨げません。また，普段はダムに水を貯めないことから富栄養化などの水質悪化もありません。環境に与える影響を軽減する環境に優しいダムです」などと書かれている。

　熊本県の蒲島郁夫知事は，2020年7月4日の球磨川豪雨災害を受け同年11月，「命も清流も守る」として流水型の川辺川ダム建設を求めると表明した。はたして流水型ダムで，命と清流が守れるのだろうか。

流水型ダムも緊急放流を行う

　洪水調節を目的とするダムは，洪水時に下流の川の水位を下げるために，洪水の一部をダム湖にため込む。しかし，想定以上の雨が降った場合，当然ダム湖は満水になる。その場合，ダムに流れ込む洪水をそのまま下流に流す「緊急放流」を行う。それまでダムが洪水をため込んでいた分，ダムの放流量が一気に増加して，ダム下流の水位は一気に上昇する。

　国土交通省は，緊急放流をした場合でも「ダムによる洪水調節で避難の時間を確保できる」と主張するが，深夜や早朝などの場合や，住民に連絡が届かなかった場合はどうなるのだろう。現に，2018年7月7日の西日本豪雨災害では，愛媛県肱川の野村ダムが未明の豪雨のなか，緊急放流

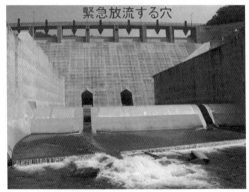

図2　下流側から見た益田川ダム（島根県）
2014年8月11日撮影

図3　上流側から見た辰巳ダム（石川県）
2015年8月24日撮影

を行い，住民は緊急放流を知ることも逃げることもできずに，多くの尊い人命が失われた。

　流水型ダムも当然，想定以上の降雨があれば満水となり，緊急放流を行うことになる。現に，益田川ダム（島根県）や辰巳ダム（石川県）など，現在運用されている国内の五つの流水型ダムには，いずれもダムの上のほうに，緊急放流をするための大きな穴がずらりと並んでいる。このことは，想定以上の洪水では，流水型ダムでも命は守れないことの証明である。

流水型ダムの穴が流木等でふさがると，どうなる

　流水型ダムの最大の弱点は，穴がダムの下部にあるために，洪水時に流れる大量の流木や土砂，岩石などが押し寄せ，穴がふさがることだ。

　国土交通省は，熊本市を流れる白川の上流に建設中の，流水型の立野ダムについて「流木や巨石はダムの上流に捕捉する施設を設けて止める。穴（幅5m×高さ5m）にもスクリーン（動物園のオリのようなサク）を設置するので問題ない」と強調するが，2020年7月豪雨で球磨川や支流を流れ下った流木の量を考えると，それらで対応できるわけがない。

　洪水時に流木等でダムの穴がふさがれば，ダムは洪水をため込むだけとなる。ダム湖が満水になったとたんに，緊急放流する穴からダムに流れ込む洪水が一気に流れ落ちる。ダム周辺や下流は大変危険なことになるのは明らかだ。流水型ダムでは命は守れない。

「ツマヨウジが浮くからダムの穴はふさがらない」

　国内の流水型ダムは，いずれも流木や岩石などがダムの穴に入り込まないように，ダムの穴の上流側が，

図4　最上小国川ダムの穴の上流側　増水で流木が押し寄せた　2019年10月13日（最上小国川の清流を守る会提供）

Ⅶ　ダムでさらに大きな災害を呼び込む危険な球磨川水糸河川整備計画

すき間20cmのサク（国土交通省はスクリーンと呼ぶ）で覆われている。しかし，大量の流木や岩石など，あらゆるものがひっきりなしに流れる洪水時の河川の状況を考えると，ダムの穴を覆うサクは，たちまち流木などでふさがってしまうことが容易に想像できる。

同省は，流水型ダムである立野ダムでは，ツマヨウジを流木に見立てた模型実験で，サクをふさぐ流木はダムの水位が上がると浮くから，ダムの穴はふさがらないとしている。模型実験に使用したツマヨウジは，乾燥した木材だ。洪水時に川を流下してくる木材は，水を含み非常に重くなっている。また，洪水時に実際に流れる流木は枝葉や根がついており，当然曲がったり直径が変化したりしている。模型実験では，それらが絡み合ってサクに貼り付いた場合を全く想定していない。

図5　辰巳ダムの穴の上流側を覆うサク（スクリーン）
2015年8月24日撮影

流木を穴が吸い込む力は，流木の浮力よりもはるかに大きいのは明らかであり，同省の主張は，ありえないことだ。

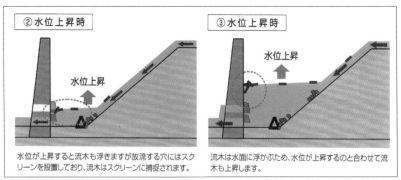

図6　ダムの穴はふさがらないとする説明図　「立野ダムの穴を覆うサク（スクリーン）に吸いよせられた流木が，ダムの水位が上がると浮いてくる」と主張する（国交省ホームページ）

川辺川流水型ダムには法アセスが必要

　川辺川は九州山地の湧水を集め，長年「水質日本一」にも選ばれている屈指の清流だ。391haもの川辺川ダム水没予定地一帯に2754種もの動植物が分布していることが国土交通省の調査でもわかっている。

　川辺川ダムは計画が古いという理由で，環境影響評価法（1997制定，2011年改正）に基づく環境アセスメントは

図7　体長30cmを超える川辺川の尺鮎
（漁民有志の会提供）

行われていない。同省は，流水型ダムは旧ダム事業を引き継いでおり，法アセスの対象外だと主張するが，県の求めに応じて「法と同等」の手続きを行うとした。

　2022年3月，同省が法アセスに相当すると主張する「川辺川の流水型ダムに関する環境配慮レポート」が公表された。323頁に及ぶ資料を同省のホームページで読んで驚いた。流水型の川辺川ダムについて明らかにされたことは，ダムの位置と高さ程度だ。流水型ダムの穴の位置や大きさ，穴に設置されるゲートの形状や運用については一切明らかにされていない。それでは，流水型ダムによる水の濁りや，土砂がどの範囲にどの程度堆積するのか，またダム水没地やダム下流の川辺川と球磨川，八代海にどのような影響を与えるのか検討できないはずだ。これではあまりにも不十分だ。

　「生物の多様性なくしては人類の未来はない」ということは世界の常識となり，日本においても生物多様性の国家戦略が策定され30年近くが経過した現在，川辺川流域の自然環境は流域住民のみならず国民共有の貴重な財産だ。流水型川辺川ダムは法アセスを実施すべきだ。ダム建設が環境にどう影響を与えるのか知ることは，私たちの世代の正当な権利であり，責務である。

流水型ダムは河川環境に致命的なダメージを与える

　流水型川辺川ダムの高さは約108m。36階建てのビルの高さに相当し，熊

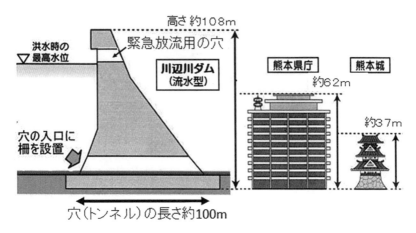

図8 流水型川辺川ダムのイメージ図 （国交省資料，一部を加工）

本県庁や熊本城と比べてもはるかに高い。巨大コンクリート構造物が大自然のなかに出現し，清流を分断するわけだ。

　高さ約108mの流水型川辺川ダムの穴（トンネル）の長さは100mあまりになると推測される。ダムの上流には流木防止用のスリットダムが，ダムの下流には放流を受止める副ダムが造られ，長さ数百mのコンクリートの浅瀬も出現すると推測される。これでは魚類も遡上できない。

　流水型ダムは洪水時，ダムの上流に土砂や岩石等を大量にため込む。洪水が終わった後は，たまった土砂が露出して流れ出し，川の濁りが長期化する。

　国土交通省は，流水型ダムの水位が下がるとともに，たまった土砂も一緒にダムの穴を通り下流に流れるので土砂は堆積しないとしているが，ありえない話だ。洪水後，水が引いたダム湖一帯の五木村が泥だらけ，流木だらけ，岩石だらけになるのも明らかだ。

　2005年の豪雨で，川辺川上流にある朴木砂防ダム（流水型ダムと同じ構造）は大量の土砂をため込み，洪水後はたまった土砂が露出して流れ出し，長期間下流の川辺川と球磨川を濁した。高さ25mの朴木砂防ダムでもこのありさまなので，高さ108mの流水型川辺川ダムができれば，比較にならないほど大量の土砂が堆積し，濁りが長期化する。ダム下流への砂礫の供給は

なくなるので、人吉市など下流の球磨川は岩盤むき出しの無残な状態になることも明らかだ。流水型ダムで清流は守れない。

流水型ダムの費用対効果は1以下！

2022年7月、国土交通省は事業評価監視委員会を開き、流水型川辺川ダムの

図9　朴木ダム上流に大量に堆砂した土砂
2006年1月撮影（漁民有志の会提供）

費用対効果を1.9とした。ところが、旧川辺川ダム計画で実施済みの事業費を加えた場合の費用対効果は0.4と、予算化の目安となる1を下回っている。同省が「旧ダム事業を引き継いでいるので法アセスはしなくてもよい」というのなら、当然費用対効果でも旧事業からの分も加算すべきである。ダムが洪水調節できなくなる場合も想定すると、費用対効果はさらに下がるのは明らかだ。

旧川辺川ダム計画で実施済みの事業費を加えた総事業費は約4900億円に上ることも明らかになった。河川法によると、熊本県の負担額はその3割、約1470億円となる。県民1人当たり約8万6000円（4人家族で約34万6000円）を流水型川辺川ダムに負担することになるのだ。

今後事業費が大きく膨らむことも容易に考えられる。次の世代に借金をして、負の遺産をつくろうとしているのがこのダム事業である。

市房ダムの「効果」と緊急放流

2022年9月の台風14号で、球磨川の水位が最高となっていた9月19日の午前3時から、球磨川上流の市房ダムは緊急放流を行った。ところが県と国土交通省は、市房ダムは下流の球磨川の水位を下げる効果があったとしている。

Ⅶ　ダムでさらに大きな災害を呼び込む危険な球磨川水系河川整備計画

図10　緊急放流を伝えるウェザーニュース
(2020年7月4日)

　市房ダムの流入量と放流量のグラフをみると，確かに同日午前3時頃まで毎秒300tあまりの洪水調節を行っていたようだが，洪水調節を行っている間，下流の球磨川はあふれるような水位ではなかった。ところが球磨川の水位が最高になった同日午前3時，市房ダムは満水となり緊急放流を始めたのだ。

　幸いなことに今回は，午前3時頃から雨脚が急に弱まり事なきを得たのだが，豪雨が降り続いて下流があふれそうなときに緊急放流したら，大変なことになっていたはずだ。

　国や県は，普段から市房ダムの洪水調節効果ばかりを宣伝し，緊急放流の危険性についてまったくふれないのに，今回も緊急放流する直前になって，下流域の住民に早めの避難を呼びかけている。だが，午前3時に緊急放流をする際，果たして住民は避難できるのであろうか。

　今回市房ダムは，下流がさほど危険でない時に洪水調節をしてダムに洪水をため込み，下流の球磨川の水位が上がったときに満水となって緊急放流をしたわけだ。

　2020年7月の球磨川豪雨災害では，相対的に市房ダムの上流では雨量が少なく，市房ダムはぎりぎりで緊急放流を回避したといわれている。その時，中流部を襲った豪雨が市房ダムの上流に降っていたならば，人吉市など下流があふれていたその時に緊急放流をしていたことになる。

　仮に川辺川ダムが造られ，市房・川辺川の二つのダムの集水域に想定以上の雨が降り，二つのダムが同時に満水となり，同時に緊急放流する事態も，異常気象が現実となっている現在では十分考えられる。ダムでは命を守れない。

誰のための川辺川ダム建設なのか

　人が大きな買い物をするとき，たとえば家を建てようとする場合，敷地や

家の構造，間取りや仕上げ，予算などを，さまざまな資料をもとに何度も何度も検討すると思う。

2022年4月，国土交通省は流水型の川辺川ダム建設を中心とする「球磨川水系河川整備計画（原案）」を公表した。ネットで開示された172頁に及ぶ河川整備計画を読んで驚いた。流水型ダムについての記述はたった14行しかなく，環境保全の取り組みにいたってはわずか2行の記述しかなかった。策定時に，住民や県民に向けた説明会なども一切なかった。これではダム建設が妥当なのか，住民は判断のしようがない。

図11　「球磨川水系河川整備計画（原案）概要版」（2022年4月）の表紙

国がダムを造ろうとするとき，ダム建設のメリットばかりを宣伝して，ダムの危険性や，環境に及ぼす悪影響については一切説明しようとはしない。

私は長年，人吉市の水害常襲地に住んでいたのだが，豪雨災害の被災者からダム建設を求める声をほとんど耳にしない。球磨川の近くに住む人たちは，ダムができれば川の環境がどう変わるのか，ダムが緊急放流するとどうなるのか，市房ダムの経験を身にしみて感じている。国や県が流域住民のために新たにダムを造ろうというのならば，国は堂々と説明して，住民の不安や疑問の声にもきちんと応えればいいのに，しないのはなぜなのか。

本来，公共事業とは，住民の税金を使って，住民のためになされるものであるはずだ。住民に説明さえせずに，事業を強引に進めようとする国交省は，一体誰のために，何のために川辺川ダムを造ろうとしているのだろうか。

流水型ダムより山林の保全を

2020年7月の球磨川豪雨災害では，人吉・八代間の肥薩線の線路の大半が水没し，明治時代にニューヨークの製鉄所でつくられた二つの鉄橋も流失

図12　土石と流木が川内川（球磨川支流）をうずめ被害を拡大した　（球磨村神瀬）2020年8月9日撮影

してしまった。

　肥薩線がつくられた明治時代，大洪水がきても絶対に水没しない高さに鉄道を通したはずだ。その頃は大雨が降っても，山林や農地が洪水を受け止めたり，あちこちで洪水があふれたりして，球磨川の本川にいまのように洪水が集中することはなかった。

　ところが近代の治水対策は，連続堤防で洪水を川に閉じ込め，改修で直線的な川にすることで，洪水を1秒でも早く流すことが優先された。したがって，治水対策が進めば進むほど，洪水のピーク流量は増えていった。

　近年，国土交通省も流域全体で洪水を受け止める「流域治水」を提唱している。点や線でなく，面で洪水を受け止めようという考えだ。流域の大半を占める山林や農地の保水力を高め，洪水をゆっくり流せば当然，洪水のピーク流量は下がるだろう。

　ところが2022年8月に策定された球磨川の河川整備計画には，川辺川の流水型ダムが位置づけられている。ダムは点で洪水を調節しようとするものであり，流水型ダムで命を守れないことは，これまで述べた通りだ。

　球磨川流域の山林に目を向けると，植林をすべて切ってしまった皆伐地や，シカが下草を食い尽くし地盤がむき出しになった場所も多く見られる。これでは大雨が降ったらひとたまりもない。流域の命と清流を守るのならば，流水型ダムではなく，まずは山林に目を向けるべきである。

［付記］　2024年10月「環境影響評価レポート」が公表された。法に準じたとはいえないアセスの内容，手続きに対し，手渡す会を含む熊本県内の市民団体は国交省・熊本県に対し抗議を続けている。

2 2020年豪雨災害を無視するダム建設

岐部 明廣

2020年の大洪水から4年以上が経った。時は止まらない。川辺川ダム（流水型ダム）ができた後の人吉の未来を危惧しているのは私だけではないだろう。未来に悔いのない選択をしたい。

蒲島郁夫熊本県知事は洪水の約1年後，川辺川ダムの建設を前提条件に「治水と復興に私が全責任を負う」と強調した（『熊本日日新聞』2021年7月1日）。本来，人吉の復興には清流川辺川・球磨川は欠かせない。流水型ダムが球磨川の環境を破壊した時，彼には責任のとりようがない。責任をとれないことに責任をとるというのはきわめて無責任である。

2020年の洪水以降「川辺川ダム建設促進協議会」の森本完一錦町長，松岡隼人人吉市長，松谷浩一球磨村長などは国土交通省に再三再四，早期「川辺川ダム建設」促進の陳情に行っている。

流水型ダムが球磨川の環境を破壊した時，彼ら首長は責任をとれないのに再三再四の陳情をしている。洪水の検証もせず民意を丁寧に聞こうとせず，責任をとれない行動する，これもきわめて無責任である。

以下の三つの問題について順次述べていきたい。

1 どうしても足らない2700t/秒問題

私たち「流球磨川・川辺川を未来に手渡す流域郡市民の会」（手渡す会）が執拗に2020年7月4日水害の検証をするのは，検証が治水対策や今後の人吉の未来を考える第一歩だからである。

人吉地点とは，球磨川の流量を論じる際の人吉地点をさす。

人吉市の「HASSENBA」／発船場辺りである。正式には，「人吉城址の梅花の渡し」およびその対岸の「城見公園」すぐ下流にそれぞれ水位計がある。

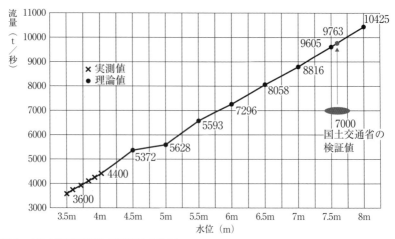

図1 水位と流量の関係（球磨川人吉地点）

2022年7月4日の人吉地点の最大ピーク流量A（t/秒）を，私は次の四つの方法で算出した。

1) 人吉地点の痕跡水位からA算出
2) 第3橋梁地点の水位からA算出
3) A = a + b + c + d 方法
   川辺川流量（柳瀬橋）a　　球磨川流量（錦大橋）b
   コサデ川流量 c　　　　　鳩胸川流量 d
   とした場合 A = a + b + c + d　になる。
4) 人吉地点上流域12時間雨量からA算出

それぞれについて説明していこう。

1　人吉地点の痕跡水位からA算出

この方法の算出方法は『奇跡の二つの吊り橋（改訂版）』（人吉中央出版社，2021年）の47〜49頁に詳しく記載している。図1をみてほしい。水位（水深）は約7.6mだったので最大ピーク流量Aは約9700t程度になる。

越水量を加えればさらに大きくなる。

2　第三橋梁地点から A 算出

2020 年 7 月 4 日洪水のときの第三橋梁（曙橋下流の肥薩線）の写真をみたことがあるだろうか。ちょうど越流しそうな状況だった。危機管理水位計が設置された大橋辺りは越水量が大きいため最大流量の算出に向かないのである。

第三橋梁地点の川幅 200m，平均水深 7m，断面積 1400m^2　平均流速 6.8m/ 秒。

つまり最大流量は 9520t/ 秒になる。越水の氾濫戻し 180t を加えると 9700t である。

平均流速 6.8m/ 秒を国土交通省は公表していないが，国土交通省測定の柳瀬地点の平均流速 6.0m/ 秒を基準に河川勾配等より計算した。それによると第三橋梁地点の平均流速は 6.8 ～ 7.5m/ 秒になる。

私は最小の 6.8m/ 秒を採用した。仮に最大の 7.5m/ 秒では最大流量は 10500t/ 秒（越水量含まない）になる。

実績流量が上流域 12 時間雨量より計算した流量 6700t より約 3000t も大きい事実を国土交通省・熊本県はただちに検証すべきである。

この事実／差異こそ第四橋梁のダム化／決壊の証しなのである。Ⅳ章 2 節の森明香さんの論文を参照してほしい。

手渡す会・黒田弘行さんも同じ場所の最大ピーク流量を計算している。黒田さんの結果は約 9800t である。

3)　A ＝ a ＋ b ＋ c ＋ d 方法

まず，**表 1** を参照してほしい。次に，筆者と検証委員会（国土交通省）の検証値を比べてほしい。

この方法では人吉地点の最大ピーク流量 A は 7000t になる 1 や 2 の方法（実績最大ピーク流量）より 2700t も少ない流量となる。不思議である。川辺川球磨川合流部から下流に何かがあった証しといえる。

表 1　人吉地点流量（t/ 秒）検証値

	筆者私算	検証委員会
人吉流量	9700	7400
a	2650	3400
b	3300	3300
c	525	350
d	525	350
e	2700	0

表2　基本高水の欺瞞（引き伸ばし・引き縮め法）

洪水 年月日	12時間雨量 （mm）	流量 （t/秒）	引き延ばし率 倍	流量 （t/秒）
1965（昭和40）年7月3日	167	5000	2.50	12500
1971（昭和46）年8月5日	208	4725	1.38	6500
1970（昭和47）年7月6日	152	3928	2.09	8200
1982（昭和57）年7月25日	250	5372	1.02	5500
2004（平成16）年8月30日	215	4341	1.27	5500
2005（平成17）年9月4日	233	4475	1.39	6200
2020（令和2）年7月4日	322	——	0.972	6100

注　表2の空欄の流量，国土交通省はこれを公表していない。
出典　「球磨川河川整備基本方針」2021年（国土交通省資料）

4　人吉上流域12時間雨量322mmからA算出

　国土交通省は，人吉地点最大ピーク流量Aを人吉地点上流域12時間雨量322mmから298mmに0.927引き締めすると流量は6100tと発表している（表2）。しかし流量の数値は公表しない。

　単純に算出すると6100 ÷ 0.927 = 6600tになる。

　「基本方針」の最大ピーク流量（基本高水）8300tは，人吉上流域12時間雨量からの最大ピーク流量6600tから大きく逸脱する。つまり1972年7月6日洪水時の流量引き伸ばしは非科学的な方法といえる。

　国土交通省は，1965（昭和40）年7月洪水と2020（令和2）年7月洪水の数値を棄却し，1972（昭和47）年7月洪水の数値を採用する。

　1972年洪水の12時間雨量を298mmに拡大したあと，流出計算については引き伸ばし法で計算する。そのあと2020年洪水の12時間雨量322mmを298mmに引き縮めをして流出計算をしている。

　筆者の試算では，Aは6600〜6800t/秒程度になる。人吉地点上流域12時間雨量322mmではこの程度の最大ピーク流量になるのが妥当のようである。前述の3方法の7000tに近い数値である。

　ところが，1や2の方法でのA（人吉地点最大ピーク流量）約9700t/秒にはどうしても2700t〜3000tは足りないのである。

雨量とは別の人吉地点最大ピーク流量 A を増加させた要因が他にあったと考えられる。

川辺川・球磨川の合流部の第4橋梁（球磨川鉄道湯前線）がダム化したことが考えられる（これについてはⅣ章2節を参照）。

2　基本高水問題

国土交通省のいう基本高水はダム建設のためのトリックである。ダム建設根拠の基本高水はまやかしでしかない。表2からもそれはみてとれる。

表2の空欄，2020年洪水の流量を国土交通省は公表していない（表2は2021年度に見直された「球磨川河川整備基本方針」にある200以上の図表から選んだものである）。

図2をみてほしい。ここにも引き伸ばし法のまやかしが示されている。

実際，2022年7月4日洪水の人吉地点の最大ピーク流量9700t/秒から，第四橋梁ダム化の2700t を除けば，人吉地点のピーク流量は6700〜7000t/秒になり，矛盾しない。

ダム建設根拠の基本高水はどうもご都合主義で引き伸ばし法を使い，ダム建設のために都合のよいデータの採用，不都合なデータの棄却をしているようだ。

基本高水の矛盾／トリックは1965（昭和40）年人吉大水害から始まっている。1965年大水害は12時間雨量167mm，最大ピーク流量5000t。この5000t は雨量のわりには1500〜2000t も過大である。

5000t には市房ダムの緊急放流量も含まれるとみられる。

国はダムを造るために過大すぎる流量（80年1回雨量を引き伸ばしてちょうど7000t）を川辺川ダム計画の基本高水とした。

地球温暖化の進展をうけ2006年改正で80年1回雨量を12時間雨量262mmに改定した。ここまで引き伸ばすと1965年水害の最大ピーク流量は10230t になる。これはダム計画の基本高水7000t をはるかに超える。

困った国は1960年洪水をやめ，その代わりに引き伸ばしをするとちょうど7000t になる1972（昭和47）年洪水を採用したようだ。

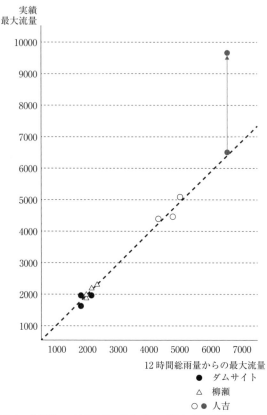

図2　上流域12時間雨量と最大ピーク流量の相関関係

　1972年洪水は，12時間雨量152mm，最大ピーク流量3928tで，262mmまで引き伸ばすとちょうど7000tになる。この数字がダム計画に好都合だったのだ。

　地球温暖化と2020年大水害をうけ，2020年再度改正している。不可解にも最近5年間の雨量は除外して人吉地点50年1回確率雨量を12時間雨量298mmに改正した。

　ここまで引き伸ばしをすると，1972年水害の最大ピーク流量は8200tになる。基本高水7000tをはるかに超えた（しかも計算方法自体には問題がある）それでもいまさら1972年水害の数値を棄却するわけにはいかない。

　不可解にも，国は2020年7月4日の降雨12時間雨量322mmを無視して

いる。322mm を採用すると 1972 年水害の最大ピーク流量は 9000t になる。

これは川辺川ダム計画の基本高水 7000t には過大すぎる。

国は，気候温暖化による豪雨リスクを強調しながら，現実の降雨量 322mm をとらない。一方，人吉地点上流域 12 時間雨量 502mm の防災マップを人吉市民に配布して「逃げろ。逃げろ」と強調する。

基本高水 7000t の数字合わせの矛盾は 1965 年から始まっている。この基本高水 7000t は「ダム建設」のためにつくられた数字にほかならないのだ。

3　浸水 6 割削減の真っ赤な嘘

「ダムがあれば人吉市の浸水は 6 割削減する」という言説について検討しよう。国はメディアを利用した宣伝を繰り返しウソを真実にすり替えようとしてきた。嘘の宣伝をうのみにしたメディアの責任も大きいだろう。

それは 2020 年 7 月 4 日豪雨について，①川辺川ダムサイト（仮）流量の過大評価　②第 4 橋梁ダム化（2700t）の無視　③支流氾濫の過小評価という虚偽の検証から生まれた嘘でしかない。国土交通省もこの嘘を認知している。

①②③を適正に評価すれば，ダムによる浸水削減効果は，たった 8 ％程度となる。人吉市街地の球磨川の掘削だけでも川辺川ダム以上の効果があるのである。

わずか 8 ％のダム効果に期待して，郷土の宝である川辺川・球磨川を死の川にしてはならない。人吉の魅力ある未来は，清流・川辺川／球磨川があってはじめて開けるのである。

検証委員会は，①川辺川ダムサイト（仮）の流量を 1000t/ 秒以上，ダムによる人吉地点低減流量を 1200t/ 秒と過大評価している。

②第四橋梁ダム化（2700t）の検証がなく，人吉地点のピーク流量をかなり過小評価している。

③支流氾濫の過小評価

支流氾濫は川辺川ダムについては無効である。山田川・お溝・万江川等支流氾濫についてバックウォーター説（本流の増水により，支流が流れ込めず逆流

し水位が上昇し決壊など氾濫する）を採用しているが，そのバックウォーター効果はあまりに過大評価といえる。

①②③を適正に評価すれば川辺川ダムがあっても浸水削減はたった8％である。国の宣伝する浸水6割削減はありえない。

検証委員会の人吉地点の河道流量は4000t/秒であるが，1982（昭和57）年の洪水のときの人吉地点の最大ピーク流量5400t/秒があふれずに流れていることから，私たちは河道流量を5400t/秒と試算している。

第4橋梁のダム化がなければ人吉地点のピーク流量は約6800〜7000t/秒である。1982年洪水のときの人吉地点のピーク流量5400t/秒があふれずに流れているので，人吉地点の河道流量は約5400t/秒となる。それ以上の流量ではあふれてしまうだろう。

つまり7000 − 5400 ＝ 1600t をダムに頼らない治水対策で対処すればよいことになる。つまり，人吉市街地の掘削・中川原のスリム化だけでも越水はほとんど予防できたはずである。

220

Column　誰でもできる最大流量計算

　人吉地点の最大流量を簡単につかむ方法を紹介したい。

　人吉地点上流域の 12 時間雨量（mm）を 20 倍すると，その値は人吉地点の最大流量とほぼ一致するのだ。

　過去の 12 時間雨量が 200mm 以上の洪水の検証をしているうちに，最大流量と高い相関のあることがわかったのである。

洪水年	人吉地点上流域 12 時間雨量	人吉地点最大ピーク流量
1982（昭和 57）年	250mm	5072t
2004（平成 16）年	215mm	4341t
2005（平成 17）年	233mm	4475t
2020（令和 2）年	322mm	6600t

注　各数値は国土交通省「球磨川河川整備基本方針」（2021 年）による。ただし，1982 年は市房ダムの緊急放流があったので，放流量 300t を差し引いた。

　たとえば，人吉地点上流域の 12 時間雨量が 260mm だったとすると，人吉地点の最大ピーク流量は以下になる。　260 × 20 = 5200t/ 秒

　国土交通省の水位計の水位は水深と違っている。川底は堆砂量で変化するため，水深を計らないことには本来流量算出はできないはずだ。

　ここで紹介した方法では，国土交通省のように 2020 年 7 月 4 日の 12 時間雨量を考慮外とする必要がない。地球温暖化進行前の 1972（昭和 47）年の 12 時間雨量 155mm を採用して引き伸ばしたり，引き縮めたりするといった最大ピーク流量算出時の処理の必要はまったくないのである。

（岐部　明廣）

3 球磨川水系は山地を流れる川
─山が川を育み，流域の災害を防ぐ

黒田 弘行

森林の保水力の共同検証

清流球磨川・川辺川を未来に手渡す流域郡市民の会（手渡す会）が本格的に「川と森林の問題」に取り組むようになったのは，国と住民が森林の保水力に関する共同検証を行うことになった時からである。この共同検証は2004年から2005年にかけてダム建設に反対する住民と国交省が共同して実施されたものである。この共同検証が行われるようになったきっかけは2001年から2003年にかけて行われた住民討論集会にある。

住民討論集会は当時熊本県の知事であった潮谷義子さんが主導して行われたものである。河川法では河川整備計画を策定する時は知事の意見を聴くことになっている。潮谷知事は住民の意見を反映させるためには川辺川ダム建設に関する議論をふまえた上での住民の意見にもとづいて知事としての判断を行いたいということで，住民と国が川辺川ダムをめぐって議論をする場をつくることになり，住民討論集会が開催されることになった。

この住民討論集会で議論をする主要テーマの一つが基本高水に関するものであった。基本高水は，河道と洪水調節ダムで洪水を防御する計画を立てる際，基になる洪水の流量のことであると，河川法施行令で定めている。基本高水をめぐる議論はいろいろあるが，住民討論集会では基本高水と深くかかわってくる森林の保水力が大きな論点になった。ほとんどが森林のなかを流れている球磨川水系においては必然的なことであった。

国が策定している基本高水は，人工林と自然林の保水力が変わらないことを前提に行われているのに対し，ダム建設反対の住民側は人工林と自然林では保水力が大きく異なり，人工林対策で基本高水は下げることができ，ダムは必要がないとした。そこで，住民討論集会の進行役を行っていた県が人工

林と自然林の保水力をめぐる共同検証を提案し双方の賛成で住民討論終了後の翌年に着手することになった。

保水力の検証といっても，実際に行ったことは人工林と自然林において地表流に違いがあるかないかを測定するものであった。

ここではこれ以上この共同検証について語ることはしない。一番の理由は，国交省と専門家が持ち込んだ保水力（地表流）の検証はそれぞれが都合のよいほんのわずかの場所を切り取って数値化し，それをもとに議論を進めるやり方であり，それが流域の自然を正し

図1　地表流の測定器具の設置　国交省が推薦した人工林の中に地表流を測定する器具設置をしているところ（2003年9月）

図2　発覚した不正な設置方法　国交省の不正が発覚した瞬間。集めた地表流が測定器に入らないで外に流れ出すようにしてあった。現場ではこの不正を認めた

く反映したものでないことが見えてきたからだ。私たちはこの共同検証にかかわることで森と川に関するもっと多くの重要な事実があると考えるようになった。私たちは大雨が降り出すと車を走らせ，川辺川流域の山地で何が起きているか調べて歩くことにした。

大雨が降るほど，奥山の林道も洪水が勢いよく流れる川に変身し，一気に沢に流れ込み，沢は滝のような音を立てながら流れ下っていく。奥山の奥山

Ⅶ　ダムでさらに大きな災害を呼び込む危険な球磨川水系河川整備計画　　223

図3 八代市泉町の山地 五木村からは行くことができず八代市側から山地へ赴いた

までこの現象が起きている。立派な道ができるほど，川に水は一気に増え，そして一気に減っていく。普段はほんのわずかの水が流れる川になってしまう。私たちはそうした現場を目の当たりにし，川の破壊と洪水被害の原点がここにあるとの思いを強くした。

共同検証の2年目に入るとさらに森と川の問題を深める事象に出会うことになった。2005年の9月に発生した台風14号が山と川に国交省と論争をすることになる事件を引き起こしたのだ。

その一つが川辺川流域の山地で発生した山崩れや土石流である。いたる所で発生した。国交省の資料（図4）でもわかるように川辺川上流域で195カ所の山腹崩壊が発生していることになっている。この山崩れをめぐっても国と住民側との論争が起きた。国は流域の森林の様子を航空写真で公表し，人工林でも自然林でも山崩れは発生しているとした。しかし，この航空写真を分析すると人工林での山崩れのほうが圧倒的に多かった。私たちがこの問題で注目したのは林道・作業道と山崩れの関係であった。人工林・自然林双方に共通していたのが，多くの山崩れが林道のある所で発生していることであった。人工林になれば作業道もかかわってくる。加えて，植生が単純化し，地中への根の伸ばし方が貧弱なスギやヒノキ林は自然林に比べて非常に崩れやすくなっている。このような悪条件を揃えた人工林は山崩れが多発してもおかしくない。

国交省が地表流の発生でも山崩れでも事実を無視してまで人工林と自然林を同様だと位置づけようとするのはなぜか。一番大きな理由として考えられるのが緑のダムの存在である。森林を保全すればダムは不要であるとする考え方に反論するためであった。私たちはダムか緑のダムかの論争に接しなが

図4　川辺川上流域の山腹崩壊箇所（国交省「平成17年台風14号川辺川上流域における山腹崩壊」）195カ所で山崩れが発生したことになっている

ら、森林の問題を治水の面でのみ議論するのはなく、川の立場で考えることにした。奥山の森林開発が進むなか、川にどのような変化が起きているのかを探ることに重点を置くことにした。この考えに導いてくれたのが、台風14号で発生した

図5　樅木の吊り橋　川辺川の上流に位置する。かつては大きな岩の間を流れる渓流であった

川辺川の濁水問題であった。長期間にわたり濁水が流れ続け、川辺川の生態系にも大きな影響が出るのではないかという懸念が現実のものとなった。
　私たちは濁水がどこで派生しているのか、その場所を突き止める調査から

Ⅶ　ダムでさらに大きな災害を呼び込む危険な球磨川水系河川整備計画　　225

図6　朴木ダム　穴あきダム

図7　朴木ダム　2022年台風14号時

始めた。ここで改めて重大な問題として強く意識させられたのが，奥山を流れる川の堆砂の異常さであった。

図5の吊り橋の直下に樅木(もみぎ)砂防ダムがあり，その下に朴木(ほうのき)砂防ダムが設置されている。川辺川の渓流を破壊している建造物である。2005年に発生した14号台風で発生した濁水では朴木ダムが一番大きな働きをしていた。川底に堆積していた粘土やシルトをかき混ぜて濁水をつくり下流に流し続ける役割を果たしたのだ。

朴木ダムは穴あきダムであり，一番下の穴から濁水は流れ出していた（図6）。国交省はただちに穴を塞ぐ対策をとった。すると，ダムはたちまち土砂で埋め尽くされた。そのため，2022年の台風14号時には濁水がダムの上から流れ落ちていた（図7）。

こうした取り組みを経て，手渡す会は本格的に森と川の問題に関する議論を継続して取り組むことになった。

アフリカで「森と川」を学ぶ

筆者はアフリカのケニア共和国という国に長期間滞在していた。かつては，野生動物の王国と呼ばれていたほどの国だ。このケニア共和国の森林は国土の3パーセントしかない。森林破壊で森がなくなったのではない。森が

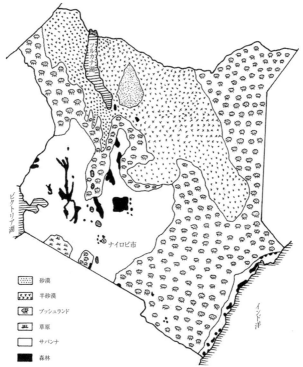

図8 ケニアの植物界 ブッシュランドや半砂漠が目立つ。サバンナを形成していたところに都市や農村が発達している（黒田弘行作成）

育つほどの雨が降らないのだ。そこでは，どのような植物の世界が存在しているのだろう。

　ケニアは赤道直下に位置しているにもかかわらず熱帯降雨林地帯には属することもなく乾燥地帯に属している。ただ，ビクトリア湖に隣接する形でカカメガフォレストと呼ばれる森林だけは熱帯降雨林である。小さな森林であり，樹木伐採で森林の危機が大きな問題になっていた。私はこの森の保護にもかかわることができた。

　ケニアには野生動物を保護するための自然公園や自然保護区が多数存在している。その多くはブッシュランドやブッシュ・グラスランドである。ケニアには多様な植物の世界が存在していたから野生動物も多様性に富み，野生

Ⅶ　ダムでさらに大きな災害を呼び込む危険な球磨川水糸河川整備計画　　227

表1　自然公園や自然保護区で測定した月間雨量

森林

アバーディア国立公園　　　　　　　　　　　　　　　　　　　　年間雨量 1023mm

1月	2月	3月	4月	5月	6月	7月	8月	9月	10月	11月	12月
103	68	91	93	213	41	20	31	19	120	152	72

ケニア山国立公園　　　　　　　　　　　　　　　　　　　　　　年間雨量 1259mm

1月	2月	3月	4月	5月	6月	7月	8月	9月	10月	11月	12月
80	39	126	282	88	5	11	8	16	140	328	138

サバンナ

マサイマラ国立保護区　　　　　　　　　　　　　　　　　　　　年間雨量 743mm

1月	2月	3月	4月	5月	6月	7月	8月	9月	10月	11月	12月
75	81	102	144	93	28	16	21	23	26	63	71

ナイロビ　　　　　　　　　　　　　　　　　　　　　　　　　　年間雨量 963mm

1月	2月	3月	4月	5月	6月	7月	8月	9月	10月	11月	12月
53	44	108	225	170	44	18	25	20	53	125	80

ブッシュランド

サンブル国立保護区　　　　　　　　　　　　　　　　　　　　　年間雨量 412mm

1月	2月	3月	4月	5月	6月	7月	8月	9月	10月	11月	12月
27	21	70	53	10	8	7	30	63	30	63	30

ボツイ国立公園　　　　　　　　　　　　　　　　　　　　　　　年間雨量 576mm

1月	2月	3月	4月	5月	6月	7月	8月	9月	10月	11月	12月
36	32	76	94	34	8	6	10	18	30	102	130

注　M. Brett, *Road Atlas of KENYA*, New Holland Publishers, 1996 をもとに黒田弘行作成。

の王国と呼ばれる世界をつくりだしていた。

　ケニアにはケニア山系とアバーディア山系が存在している。この山系には豊かな森林が形成されている。山が雨を呼び込むためだ。どのような雨が降り，どのような植物の世界をつくりだしているのかを次に紹介しよう。

　ケニアでは年間 1000mm 以上の雨が降る所に森林が形成され，年間 700ミリから 900mm の所にはサバンナが形成され，ブッシュランドは年間 400ミリから 500mm 程度の雨の所である（表1）。

　ケニアは雨季と乾季に分かれていて，日本のような四季はない。

アフリカの動物といえばサバンナが登場する。木で生きる動物も，草で生きる動物も共生できる植物の世界があるからだ。

ケニアで，日本のように森を増やすことができるだろうか。残念ながら，それは難しい。森を育むだけの雨が降るところが国土の3パーセントくらいしかないからだ。

ケニアには川に関して，パーマネントリバーとシーソナルリ

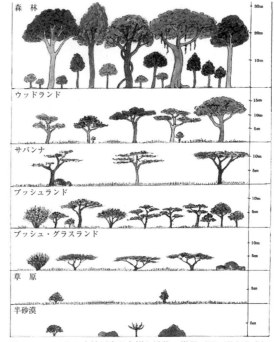

図9　アフリカの大地が育む多様な植物の世界（黒田弘行作成）

バーという言葉がある。圧倒的に多いのがシーソナルリバーだ。日本語だと季節川となる。雨季の時だけ川になり，雨の降らない乾季の時は水が流れない砂だけのサンドリバーになる。

森から流れ出す川はパーマネントリバーになる。年間を通して水の流れる川である。このパーマネントリバーはとても重要な役割を果たしている。ケニアにある重要な自然公園や自然保護区には必ずこのパーマネントリバーが流れている。川は生態系の重要な構成要素であることを肌で感じ取ることができる。都市の欠かせない水道の水もパーマネントリバーの水だ。森と川は生き物にとって欠かせない自然である。なぜ，森と川を守らなければならないのか，国土のわずか2パーセントの森が育む川が教えてくれている。

私がケニアを引き揚げる直前に参加した研究会が森と川をテーマにしたものであった。仕事帰りの若者が多く参加していた。強く印象に残ったのはこ

表2 阿蘇黒川流域に降った雨
(2012年7月12日)

時刻	阿蘇乙姫 (mm)	坊中 (mm)
1	15	8
2	51	32
3	106	93
4	87	89
5	96	102
6	96	124
7	24	39
8	16	13
9	1	0

注 国土交通省川の防災情報をもとに作成。

図10 豪雨で発生した土砂災害 南阿蘇村立野地区
2012年7月16日撮影

の若者たちが昔の森を取り戻し,川のためのバッファゾーンをつくろうという提案をしていたことであった。

「大雨を受け止める大地が森と川を育む・豊かな森が大地に雨を送り込み,川を育む・川を育む大地が森を育む」という認識を私の体に染み込ませたのはケニアでの暮らしであった。

球磨川流域の山地開発が引き起こす川の破壊と災害の拡大

森林保水力の共同検証のなかでみつけた「森と川」に関する課題を深めるために,私たちは「川に学ぶ」ということをテーマにした調査研究会を継続することにした。きっかけは,2012年に発生した九州北部豪雨災害であった。この災害で一番被害が大きかったのが阿蘇の黒川流域である。この豪雨災害は九州における温暖化に伴う豪雨災害の始まりでもあった。

過去にも1時間に100mm前後の猛烈な豪雨が降ることは,九州において

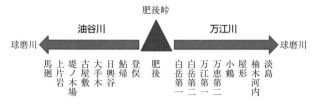

図11 トンネルの並ぶ二つの川

もあった。しかし，このような猛烈な豪雨が3時間も4時間も連続して降ることはなかった。気象庁も歴史上初めての豪雨といっていた。この雨は黒川流域の山地のいたる所を崩し25人の命を奪った。崩れた山地からは莫大な流木と土石が流れ込み，黒川と黒川の流域を破壊した。もちろん，白川の下流域にまで

図12 万江川の源流域の森林 皆伐が進んでいる。森林管理経営法（2019年）のもと，市町村が業者に伐採を委託するなどし，森林は減少する

大きな被害をもたらしたが，私たちが注目したのは，温暖化に伴う豪雨災害において従来とは大きく異なる雨の降り方を反映し，即その場で激甚な災害を発生させることに対してであった。

　この問題をさらにはっきりさせたのが，2017年に発生した九州北豪雨であった。この豪雨でも，雨の降り方が局所的であり，猛烈な集中豪雨であるために，即その豪雨の降った流域が一番激甚な災害を引き起こした。

　2020年の球磨川流域豪雨災害はさらに深刻な問題をさらけ出した。雨量そのものは過去2回の九州北部豪雨に比べると，1時間に50mmから80mmという強烈な雨が5時間くらい降り続くものであったが，それぞれの支流の流域で行われていた森林の皆伐によって莫大な流木と土石を伴った非常に危険な洪水が発生した。皆伐の怖さをまざまざと見せつけられた豪雨災害となった。

Ⅶ　ダムでさらに大きな災害を呼び込む危険な球磨川水系河川整備計画　　231

図13 球磨川中流域 いたる所で皆伐が進む

図14 コンクリートづけの山地

人吉市に住む私にとって一番関心の目を向けたのが万江川の洪水であった。万江川の流域は梅雨前線がもたらす雨では流域一番の豪雨地帯に属している。私たちは，この万江川流域の開発を問題視しつづけていた。その理由の一つは流域の森林の皆伐であり，もう一つは源流域に並ぶトンネルである。

トンネルに関しては前述の森林保水力に関する共同検証の最中に起きた瀬目トンネル問題がある。トンネルを掘ることにより，トンネルが山の水を抜き取る役目を果たすことによって起きる災害である。また，断層があれば，たちまちトンネルの崩壊を引き起こす。国交省はここでも事実を隠蔽し，住民に対して何の問題もないと説明した。その国交省がなんの反省もないまま，住民の安全第一を考えてトンネルの掘り直しをした。

私たちはこのトンネルは山の保水力を奪う凶器であるという事実を現場で具体的に認識することができた。トンネル問題がここまで具体的にわかってくると気になる川が二つ浮かぶ。九州自動車道に造られた多くのトンネルが万江川，油谷川という二つの川の源流域に並んでいるのだ（図11）。

2020年球磨川流域豪雨の時，双方の川に流木と土石を伴った危険な洪水が発生し，流域に甚大な被害をもたらした。国や県はバックウォーター現象（本流の球磨川の水位上昇により流れ込めなくなった水があふれ支流の水位をはね上

げる）で支流が氾濫したと説明し，川辺川ダムをつくれば氾濫しないと言っている。

　トンネルだけではない。流域の森林もいたる所で皆伐が進み，森林は荒れ放題である（図12，13）。この重大な実態に目を向けることもなく，国・県は緑の流域治水を大宣伝している。その目玉は川辺川ダムの建設であり，このダムをつくれば支流の氾濫は発生しないなどと復興会議等で宣伝をくり返している。

　流域の森林は，いままさに危険な状態におかれている。木は切り放題，山が崩れるとコンクリートを張り付ける（図14）。川を破壊し，災害の危険性を高める開発を放置したまま，いかなる治水対策を施しても治水と災害のイタチごっこは続くことであろう。

Column　なぜ，流域治水が登場したのか

流域治水の正体

　流域治水を最先端の治水技術のように思い込んでいる人いる。確かに，滋賀県が2013年に発表した流域治水基本方針において流域治水という概念はきちんと定義された。そして2021年には国が流域治水関連法を定めた。国が定めたこの法律の正式の名称は「特定都市河川浸水被害対策等の一部を改正する法理」となっている。

　流域治水の正体を知ると何ひとつ目新しいものはない。いまなぜ流域治水がもてはやされるのだろうか。治水は流域全体で行うものであるという考えを意識的に取り上げたのは1996年に河川審議会が答申した「21世紀の社会を展望した今後の河川整備の基本的方向について」であった。このなかで河川整備にあたっての基本認識として流域の視点の重視や連携の重視を取り上げている。

　1996年といえば河川法が改定される前年である。この河川法の改定に向けて河川審議会はさまざまな議論を積み上げていた。霞堤や防備林の大切さや遊水地の役割の重視といった昔から存在する治水技術も盛んに議論されていた。あわせて，生物の多様性の重要さも議論されていた。先ほど紹介した基本認識の二つに加えて取り上げられていたのが河川の多様性の重視であった。

森と川の生態系をめぐる国際的な動き

　当時の河川審議会がこのような問題を議論していた背景には，地球規模の自然破壊から地球を守るための国連を中心とした国際的な大きな動きがあった。1992年にリオデジャネイロで開催された環境と開発に関する国際連合会議で森林や川の破壊に関する問題も大きく取り上げられた。これらの議論をふまえ，ダムを撤去する取り組みやコンクリートづけの川を自然の流れの川に戻す取り組みが盛んになった。

　日本でも，河川審議会で川の問題が議論されたが，できあがった河川法はダムをつくることを最優先させ，川の開発を推し進める旧来の河川法を引き継ぐものでしかなかった。全国的に展開されていたダム建設反対運動はますます強まるだけであった。

　2009年に政権が自民党より民主党に交代すると，国は建設中の全国のダムをそのまま継続するか中止するかの検証を行うことにした。この検証のためにつくられたのが「今後の治水対策のあり方について」であった。ダムとダム代替案を並べてどちらがよいかを検証するというものである。ダム以外には25に及ぶ項目が列挙されていた。列挙した後で各方策の効果を定量的に見込むことが可能かを論じている。ダム・ダムの有効活用・遊水地・放水路・河道の掘削・引堤・堤防のかさ上げ・河道の樹木の伐採をあげ，水田に関しては推計がある程度できる場合があるとし，森林の保全は見込みなしとしている。2010年には修正案を発表し，流域と一体になった治水対策のあり方を提起している。ここでも森林に関しては降雨量が大きくなると，洪水の

ピークを低減させる効果は期待できないとしている。これに基づく検証の結果、「八ッ場ダムは中止させる」と主張していた民主党政権も継続と結論づけた。

ひとり歩きする「流域治水」

この検証の動きを当初から分析し続けてきて、現在の治水はダムをてっぺんに据えた技術体系以外に存在していないことを痛感した。別のいい方をすれば、ダムによらない治水という技術体系は存在していないということである。手渡す会流にいうなら、基本高水治水が唯一の体系化された治水技術である。

基本高水治水とは集水域にダムをつくり、河川区域は堤防を築いて洪水を防御

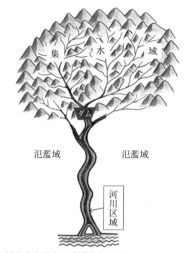

基本高水治水・流域治水モデル

する治水のことであり、流域治水とは基本高水のモデルに加えて氾濫域に降った雨が川に入っていくのを防御したり、川から洪水をあふれさせて川のピークを下げるための貯水池をつくったりする対策を含めた治水のことである。いずれにしても、流域治水で新しく導入された治水技術はなく、流域治水という言葉だけがひとり歩きしている。

流域治水で議論の表に飛び出してきたのが田んぼ治水だ。氾濫域から都市を外すと水田の広がりが目立つ。かつては、山から肥えた土壌を運んでくる洪水を積極的に田んぼに引き入れていた。霞堤はこのための知恵である。現在は違う。山からもダムからも田んぼに好ましくないものが運び込まれてくる。そうなると田んぼは田んぼ治水を受け入れられない。流域治水に組み込まれることを拒否するしかない。

ダムという建造物の存在こそが問われている

基本高水治水でありながら、なぜ「流域で考える治水」といい出したのであろうか。ダムのもたらす弊害が顕著になってきたことがその背景にある。ダム反対運動は世界的に展開されており、ダムの何が問題かが明らかにされてきた。ダムという建造物を川に持ち込むことが川の形態や川の生態を破壊してしまう実態は国際的に早くから指摘され、隠すことのできない事実となっている。治水と直接かかわるダムの弊害も国際的に大きな問題になっている。世界のあちこちでダムの緊急放流による被害が報告されている。緊急放流とは基本的にダムを守るために行われるものであり、ダムを守るために流域に暮らす住民の命が奪われ、さらに家畜を含む多くの生き物が犠牲になっている。

（黒田 弘行）

Column　茂田川水源地のメガソーラー建設問題

　茂田川とは球磨川の支流で，球磨川の左岸側に位置する。手渡す会の調査によれば，球磨川豪雨災害時に茂田川河口の樋門から生じた内水氾濫によって 2 人が亡くなっている。その茂田川水源地で，メガソーラーの建設が進んでいる。

メガソーラー計画の概要

　建設現場は人吉市古仏頂町と蓑野町の山林一帯を対象としており，人吉駅から南に 3.5km ほどのところに位置する（図 1）。

　『人吉新聞』によれば，メガソーラーの事業者は鹿児島市に本社を置く㈱九州おひさま発電で，㈱南国殖産の子会社だ[1]。2023 年 9 月完工予定で，開発面積 41 万 7037 ㎡，施設面積は 32 万 654 ㎡に及ぶ。1 枚当たり 2 × 1m の太陽光パネル 7 万 4262 枚を設置するこの事業は，九州でも有数の規模となる。

　2020 年 11 月 12 日に現地で行われた安全祈願祭では，人吉市副市長・迫田浩二氏と土木工事を担当する㈱五洋建設の責任者がそれぞれ，次のように発言した。
　「7 月の集中豪雨で多大な被害が出る中，本市でこのような事業に取り組んでいただけるのはありがたいことです。地域雇用を創出する場としても期待を寄せております」（迫田氏）。「重要なプロジェクトに携われることをうれしく思うとともに身が引き締まります。周辺地域の環境保全に取り組み，無事故無災害を目指します」（五洋建設執行役員で九州支店長・下石誠氏）。

　記事からはポジティブな論調で報じられている印象を受ける。だが実際には周辺地域で，大変な状況が生じていた。

建設工事をめぐる周辺地域への影響

　調査に赴くたびに，建設工事による茂田川の濁水がひどい，毎日のように発破工事

図 1　茂田川水源のメガソーラー建設地　円形の囲み内（Google Map を用いて作図）

が掛けられて不安だ，という声に接していた。情報開示請求をかけると，人吉市環境課は2022年6月13日時点で市民から9件の相談を受けていた。

「㈱九州おひさま発電が進めている太陽光発電の造成工事に起因する泥水で茂田川が濁っている」(R3.4.28・西間上町)

図2 茂田川水源 皆伐され，コンクリート舗装されるか砂利が敷き詰められていた。奥に見えるのは人吉市街地

「むつみ橋下流の胸川への流入箇所が大変濁っている。最近ひどいと思っていたが，今日は特にひどかった。環境課は本件を把握しているのか」「流入箇所は茂田川が胸川に流入している箇所である」(R3.5.12・東間上町)

「古仏頂町に建設工事中のメガソーラー発電所から砂埃が飛来して困っている」(R3.7.28・古仏頂町)

図3 段々に切り開かれたメガソーラーの建設現場。周囲の雑木林との違いが痛々しい

「震度1，2くらいの揺れが毎日ある。太陽光発電施設工事が原因のようだ。岩を砕くのに爆破作業をされているとのこと。毎日2回家が揺れるので，こんなに毎日揺れて家は大丈夫なのか，いつまで続くのかも分からず不安である」「発破地点の推移に伴い，本年2月くらいから相談が寄せられるようになった」(R4.2.3・蓑野町)

図4 もともとは雑木林だった 皆伐後，周辺住民の暮らしに影響を及ぼす発破工事を毎日繰り返し，図2や図3のような地形を造り出したのが，このメガソーラー事業だ

Ⅶ　ダムでさらに大きな災害を呼び込む危険な球磨川水糸河川整備計画　　237

「茂田川の濁りがいつもと違う。何が起こっているのか。蛍は戻ってくるのか」
（R4.4.21・西間上町）

　工事の進捗に伴う切実な不安の声が，人吉市に寄せられていた。

　開示資料を見る限り，人吉市は現場を確認のうえ熊本県エネルギー政策課の担当者に照会したり，事業者に聞き取りや相談内容を口頭で伝えたりするなどして対応を求めた動きをとり，事業者は濁りの対策としての調整池の設置や発破を行う回数および量のコントロールを行う姿勢をみせていた。

　ただ，人吉市の対応は，課内での情報共有や事業者に相談者から許可を得たうえで相談内容を伝える作業のみで，対症療法的な態度にとどまっているようにみえる。その後，根本的な解決につながるはたらきかけを人吉市が行ったという話は，これまで耳にしていない。

メガソーラー事業を優先する行政の矛盾

　法に基づいてメガソーラー建設にかかわる林地開発許可を出したのは，熊本県である。茂田川流域に住むある方によれば，熊本県と交渉をしている際「書類を出されたら許可するしかないんです」と担当者から答えられた，という。

　しかし「許可するしかない」ということなどありえない。森林法は開発行為の許可をめぐり，災害の防止，水害の防止，水の確保，環境の保全といった四つの要件を定めている。林野庁では，太陽光発電等に係る林地開発をめぐって各地で問題が生じている現状をふまえ，対応を行っている。「太陽光発電に関わる林地開発許可基準の在り方に関する検討会報告書」に基づいた林地開発の許可基準等（自然斜面のまま発電施設を設置する場合の防災施設の内容，排水施設の計画，地表保護のための措置，残地森林の配置等）を整備し，2019年12月には都道府県に対する技術的助言として通知した。さらに林野庁は2022年に林地開発許可制度の見直しに着手し，同年6月には中間とりまとめを公表。気候危機時代の豪雨をふまえたさらなる対策を求める姿勢をとっている[2]。

　熊本県が「書類を出されたら〜」などと市民の相談に対して応じたのだとしたら大問題だが，ひとたび開発許可が出されればできる対応は限られる。筆者は2023年3月20日付で熊本県に情報開示請求を行った。開示された対応協議メモ等の内容を見る限り，市民からの相談内容を事業者に伝えるなど，人吉市と同様に対症療法的な対応にとどまっていた。

　2021年8月の大雨では，南関町の山林における太陽光発電の建設現場から多量の土砂が河川や水田に流出して，南関町や和水町の水田60カ所で被害が確認された[3]。42万㎡の敷地を対象とした南関町のこの事業は，防災工事が未完のまま造成工事を行っていた。『朝日新聞』によれば，この事業に対する林地開発許可を出した熊本県は「林地開発の許可に問題はない。事業者が防災工事完了前に造成工事に着手

したことが被害の原因だ」と主張している。

　熊本県は、「緑の流域治水」を標榜した球磨川水系河川整備を進める、と明言する。だが、茂田川水源地域で行われている林地開発や県内での事例をふまえると、本気で自然環境との共生を図るつもりがあるのか、何かがあった際に責任ある対応を取るのか、疑問を抱かざるをえない[4]。

　市民からの切実な声を把握しているはずの人吉市と林地開発の許可を出した熊本県が、このメガソーラー事業をめぐり適切な対応を行っていくのかどうか、注視したい。

[注]

1) 「郡市最大規模のメガソーラー着工　一日１万世帯分を発電」(『人吉新聞』2020年11月19日 https://hitoyoshi-sharepla.com/news.php?news=4066)。発電出力は約２万9,700kW/時、最大瞬間出力約３万3,000kW/時、総出力は平均約12万kW/日で、一般世帯の１日の電力使用量で約１万世帯分をまかなうことが可能。総事業費は約120億円、2023年９月に完工予定で、電力はすべて九州電力に売電する。同社は九州管内役50カ所で総出力120メガワットを発電、この人吉発電所のほか他の着工分を含めると200メガワット超の発電量となる見通し。

2) 林野庁「林地開発許可制度の見直しについて（令和４年度）」(https://www.rinya.maff.go.jp/j/tisan/tisan/con_4_2.html)。同年９月には森林法施行令及び施行規則等を改正し、太陽光発電設備の設置を目的とする場合の許可基準を、林地開発面積1ha以上から0.5ha以上へと変更するなどした。熊本県は先駆けて林地開発許可制度の実施要項を改定し2022年３月に施行しているが、他県の制度と比して緩さを指摘する事業者の声もある（岡本尚之・藤原敏大・佐藤宣子 2023「豪雨災害が林地開発に与えた影響──熊本県のメガソーラー事業を事例に」(『九州大学大学院農学研究院学芸雑誌』78 (2))。

3) 「メガソーラー建設現場から土砂流出　熊本県南関町　８月豪雨で」『朝日新聞』デジタル 2021年９月９日 (https://www.asahi.com/articles/ASP9875Q2P98TLVB00C.html)。

4) 熊本県は「緑の流域治水」について次の点を強調する。「自然環境との共生を図りながら、流域全体の統合力で安全・安心を実現していく」(pref.kumamoto.jp/soshiki/206/168958.html)。

＊本稿は、「球磨川流域・見聞録──人吉市・茂田川流域上流部メガソーラー建設現場」(『くまがわ春秋』85号)を加筆修正したものである。

（森　明香）

終章
手渡す会の30年
―これまで携わられた方々を通して

緒方 俊一郎

はじめに

　「清流球磨川・川辺川を未来に手渡す流域郡市民の会」（手渡す会）の発足以来30年が経過したことに驚いています。2020年7月4日の球磨川大洪水に肝をつぶした蒲島郁夫熊本県知事が，洪水について検証もせず，説明もなく，まして地域住民の声を聞くこともないまま，洪水から3カ月を過ぎた同年11月19日「川辺川に流水型ダムを建設する」と表明したことはまさに"青天の霹靂"でありました。2008年に川辺川ダムの中止を表明して以来，洪水対策を何もせずに放置していたことを考えれば，蒲島氏はダム建設の口実を待っていたかのようにも思えます。

　思い起こすと1963（昭和38）年から3年間連続して起こった球磨地方の洪水に驚愕した当時の建設省が，1966年に洪水調節目的で川辺川ダム計画を発表して57年が経過したのです。この間，社会情勢は大きく変遷しました。計画発表により，ダム湖に沈む予定の人々は強制的に移住させられ，相良村野原・藤田の集落をはじめ，五木村のわらぶき屋根が美しい集落であった金川や小浜といった集落は無人の里となっています。ダムの計画を進めるなかで五木村中心部の頭地も含め，住んでいた人々を移住・移転させました。移住した人々，その周辺で生活していた人々の医療に相良村の医院で携わり，かかわった人々の顔が懐かしく思い出されます。頭地で最後まで家を離れず農業を営み抵抗し続けた尾方茂・チユキさんご夫妻も故人となられました。

241

五木村がダム反対運動に取り組み，下流の市町村もダム計画に翻弄されながらさまざまな経過をたどってきました。

　「手渡す会」が結成されて30年，この間に出会った方々を軸に紹介したいと思います。

「手渡す会」初期のメンバー

　「手渡す会」を結成した当初のメンバーは，それ以前に国鉄湯前線存続運動に参加していました。その運動をけん引されたのは元学校長をされていた池井良暢さんです。

　池井さんは当初数人で湯前線存続運動に取り組み，参加する人はしだいに増えていきました。住民運動として湯前線存続運動が始められ，「くまがわ共和国」を建国することになりました。建国の会場（人吉城内にあった旧教育会館）で大統領に選出された池井さんは，手製の山高帽に燕尾服，赤い襷をかけてステッキを片手にくまがわ共和国建国の建国を宣言されました。高校の教師であった生駒さんを総理大臣に内閣が組閣され，私も環境大臣に任命されました。遊び心，ユーモアを大切にし，同じ頃に建国した八代の河童共和国とも交流を重ねました。その運動は，郡市の首長たちのはたらきかけもあり，1989（平成元）年4月「くま川鉄道」が設立され，10月1日に一番列車が運行されました。

　「くまがわ共和国」は目的を達成したので解散しようという意見が出されましたが，せっかく立ち上げた市民グループを解散するのはもったいないので，何かの勉強会を続けようという意見が採択されました。人吉市宝来町会館で話し合って川辺川ダムの勉強会をはじめることになり，資料を集め，さまざまな人を招いて勉強会を始めました。

　その頃，世界各地を愛犬とともにカヌーで旅をしていた野田知佑さんが川辺川に来られて，世界の川の状況について話していただきました。ダム建設が河川ばかりではなく地域に大きな問題を引き起こすことなどを学んでいきました。野田さんは川辺川のダム建設予定地の上流の野原集落の河原でキャンプをされ，私は幼い息子と共に話を聞いたことが記憶に残っています。

こうして何度か川辺川をカヌーで下る野田さんを中心に集まっているうち
に，全国組織「球磨川・川辺川を未来に手渡す会」を立ち上げて運動を進め
ることとなりました。1998年8月に会長を野田知佑さん，事務局長に池井
良暢さんを選出しました。集まる場所が必要となったので，人吉市大橋の真
ん中の中河原に事務所（くま川ハウス）を開設しました。野田さんの全国へ
の発信力がその後の「手渡す会」の活動に大きな力となり，全国各地から数
多くの署名や篤い連帯のメッセージや激励，カンパなどが寄せられました。
　その1年後，地元の組織として流域全体の住民がかかわる「球磨川・川辺
川を未来に手渡す流域郡市民の会」通称「手渡す会」を発足させたのでし
た。この会は会長に池井良暢さん，事務局長として重松隆敏さんに就任して
いただきました。池井さんはその後もつねに皆の先頭に立って積極的に活動
を続けられました。篤い郷土愛をもって運動に取り組み，何者にも負けない
強い心を持ち後輩を導いた，温厚な人柄の池井良暢さんは2001年5月11
日，82歳で病気静養中のご自宅で死去されました。
　事務局長の重松隆敏さん（1928-2017年）は「人吉市に住み，子どもの頃か
ら球磨川の氾濫により，家が毎年水に浸かっていて，家には木で作った棚が
用意してあって，親は水の出具合を見て畳と床板を棚に上げ，その上に物を
載せて避難させたものです」（「日本自然保護協会会報」）と語っています。
　このように子どもの頃から球磨川の洪水と共に成長してきた重松さんは
JRの職員として勤め，市民の立場で人吉市議会議員としての活動もされ，
町内会長として地域のまとめ役でも力を発揮されました。「手渡す会」でも
積極的に活動され，2001年「川辺川ダム建設賛否を問う住民投票条例」制
定への署名活動はじめ各種の署名活動や国や県への要望等でも常に先頭に
立って活動されて会員に手本を示されました。会議の場で正しいと信ずる自
説を述べるときには一歩も引かない態度を示されていました。病気のため妻
の美代子さんの看病のもとに逝去されたことは残念でした。

流域住民団体とともに

90年代，手渡す会のほかにも流域住民グループがダム問題に取り組んで

いました。

1997年2月24日，建設省九州地方建設局局長肥田木修氏，建設省地方建設局川辺川工事事務所長中村健一氏，二人宛てに「川辺川ダム仮配水路トンネル工事着工の中止を求める要請書」を提出しました。提出は以下の5団体によるものです。

「清流球磨川・川辺川を未来に手渡す流域郡市民の会」（会長池井良暢），「ダム問題を考える市民の会」（会長外山敬次郎），球磨川からすべてのダムをなくす会（代表原豊典），「孫子に残そう清流球磨川じいちゃん・ばあちゃんの会」（会長岡富郎），人吉温泉旅館組合（堀尾芳人）。

ダム問題を考える市民の会の外山敬次郎さんは岐部明廣さんの岳父（妻の父）です。私や岐部さんの九州大学の先輩であり，外科医で外山胃腸病院（人吉市）の創立者でした。川辺川ダムに関しても我々の運動に理解を示されていました（堀尾芳人さんのことは後述します）。

日本各地で活動する人々との連帯

長良川河口堰反対運動をされていた天野礼子さんが川辺川に来られたのは勉強会が発足して間もない頃であったと記憶しています。

私の手元に1枚のFAX通信があります。高橋ユリカさんから届いたものです。1998年12月15日の日付で，川辺川下流の水質日本一となったことを環境庁の担当職員に確認し，相良村の看板がダム建設によって失われることを憂慮し，高岡村長にそれがしっかり伝わってほしいという内容です。高橋ユリカさんとお会いしたのは，それより少し前のことでした。ある夕暮れにすらりとした都会風の女性が我が家を訪ねてきました。初めて会う方でしたが，話を伺うと養生園の竹熊義孝先生を訪ねて話を聞き，竹熊先生から紹介されたので相良村にやってきたとのことでした。我が家に泊まっていただき，彼女ががんの療養中であり，『病院から離れて自由になる』（新潮社，1998年）という本を出版されていること，水俣に関心があってそのことから訪ねてきたという話を伺いました。夫は医師で弁護士であり，自分の病気をどう克服するか，一人息子のこともご心配の様子でした。住んでいる東京の

下北沢での住民運動にも参加していて，地域を住みやすくするために考え行動しているということも話されました。

その時，川辺川ダムについて話をし，それ以来「手渡す会」との関係が濃厚になり，さまざまな情報の提供や，東京での活動をされました。がんの再発進行により，2014年に亡くなられたことは悔やまれます。

1999年9月，「川辺川・球磨川を守る漁民有志の会」が人吉旅館で発足し，吉村勝徳さんが会長に選出されました。大石武一・元環境庁長官や中村敦夫参議院議員が相談役に就任しました。

大石武一さんには「ダムと環境を語る」というテーマで人吉市カルチャーパレス小ホールでの会で講演していただきました。医師で第3次佐藤内閣の実質上の初代（名目上は2代目）環境庁長官に就任し，水俣病問題についても積極的に解決をはかろうとされました。自民党政府の一員としては，自分の思いを十分に政策実現ができないと，新自由クラブに移籍されました。温厚な人柄で東北なまりでのお話は親しみ深く頼りがいが感じられました。政界引退後も自然保護や平和運動に力を尽くされました。

交流の拠点，人吉旅館

中村敦夫さんは「あっしにゃぁ関わりのねぇこって……」というせりふが定番のTVドラマ「木枯し紋次郎」の主人公役で，印象深い方です。俳優のほか作家，脚本家，ニュースキャスター，政治家として活躍し，日本ペンクラブ環境委員長などもされました。人吉旅館での懇親会で間近に接する機会がありましたが，残念ながら挨拶程度でお話をした記憶がありません。川辺川ダム問題について心を寄せてくださいました。人吉旅館で「尺アユ」にかぶりつかれた姿が印象的でした。

人吉旅館は堀尾芳人さんが社長をしていて，各種の会議や懇親会の会場として，あるいは遠来の方の宿泊所として利用させていただきました。何度も水害にあわれた経験からはっきり自身の意見を述べていました。息子さんご夫妻も「手渡す会」への協力をいただき，旅館を多くの会合に使わせていた

だきました。ダムの弊害について意見を述べ，手渡す会の運動に理解を示し，洪水体験者の会の運動にも参加されていました。2020年の球磨川流域洪水では，文化財に指定されている人吉旅館の建物が多大な被害をこうむりました。ボランティアの協力もあり，また息子さんご夫婦がきちんと受け継いでいることから，旅館の復旧をみたことは記憶に新しいことです。

専門家の参加を得て

2002年2月25日の手渡す会定期総会で，2001年逝去された池井良暢会長の後任に，相良村の緒方俊一郎が選出され，規約を一部改定し，名誉会長職を新たに設け，熊本市の理学博士（地質学）・松本幡郎先生を選出しました。事務局長は，重松隆敏さんが再選されました。その他，副会長6人，事務局次長3人，事務局員6人，会計2人，監事2人，顧問9人の強力なスタッフを選出・再選し，スタッフ一同，ムダなダム建設をストップさせ，清流を未来に手渡すため，さらにがんばろうと決意を新たにしました。（「会報かわうそ」30号）

松本幡郎さんはお父上も地質学者で，2代にわたって天皇に阿蘇についてのご進講をなさったと聞きました。人吉に来られると決まって鍋屋旅館の特別室に泊り，好物のお酒が入ると話が終わることなく，いつまでも楽しそうに続けられていました。木本雅己さんと私が二人で明け方までお相手をするのが恒例でした。興が乗ってくると国交省役人のことを批判し，地質学的に川辺川ダムの建設予定地は危険なところだと指摘されていました。実際に人吉から五木に向かう瀬目トンネルは先生の指摘通りに，地すべりで崩落の危険があったので，国土交通省は何度か補強していました。結局，新たに瀬目トンネルを掘り直すこととなり，カーブを重ねた現在のトンネルとなっています。

「会報かわうそ」44号の記事を以下に転載します。

松本幡郎先生を偲ぶ

松本先生は火山地質の研究の第一人者で，熊本大学では建設省からの

依頼で,川辺川ダム予定地の地質の研究をされました。その結果,ダムサイト予定地の地質は非常にもろく,ダムを建設するには適さないとの報告書をまとめられました。

　ところが建設省は,その報告書を完全に無視し,ダム建設を強引に進めました。昭和天皇に阿蘇山をご案内したという,保守王道におられた松本先生でしたが,理不尽な建設省への怒りはやまず,私達の運動の先頭に立たれていたのです。

　上の写真は2000年11月,鳩山由紀夫氏に川辺川ダムサイト予定地の地質を説明する松本先生です。今日,その鳩山氏が首相となり,国交大臣のダム中止表明を一緒に喜び合いたかったという思いがこみ上げてきます。天に向かって生える青竹の如く,嘘を嫌い,思いのまままっすぐに生きられた松本先生。安らかにお眠りください。

　記事にある鳩山由紀夫さんが訪問された時,相良村のめぐり観音に私も同行・案内しました。そこで鳩山さんと私とのツーショットでの写真を撮りました。村長選挙に出る時があれば,この写真を使ってよいといわれましたがついに使用する機会はありませんでした。

終章　手渡す会の30年　247

「会報かわうそ」から

● 「平成の百姓一揆」「5 月 19 日には農水大臣が上告を断念し，
判決は確定」（「会報かわうそ」2003 年 8 月）

　　1994（平成 26）年の川辺川利水事業の同意取得当時，農水省は約 9
割の農家から同意を得たとしていましたが，それは「ダムの水はタダ
だ」「これは事業取り消しの同意書だ」などの虚偽の説明や，不十分な
説明で得た「偽りの同意」であったのです。そのことが認められるま
で，9 年もの年月がかかったことになります。

　　また裁判のなかで，農水省は「死者の同意署名」を捏造し，同意書を
修正液などで偽造してまで事業を進めようとしたことが明らかになりま
した。すでに，一部の基幹水路等の工事は進められてきましたが，投入
された私たちの膨大な血税は無駄になってしまいました。農民の声を聞
かず，事業を強行してきた責任は一体誰が取るのでしょうか。

　　この裁判を牽引されたのは梅山究さんでした。相良村で役場職員とし
て勤務され，教育長を務めているときに『相良村誌』を刊行しました。
退職後，川辺川ダムから水を引く川辺川利水事業の計画が進められ，そ
の計画がずさんであり，農家に多大な負担金を押し付ける実態が明らか
となったために，裁判闘争を行うこととなったのです。その弁護団長に
板井優さんが就任されて，裁判闘争を指導されました。梅山さんの家で
最初の弁護団会議をしました。板井さんは農水省の利水事業に対する取
り組みを詳しく聞き，問題点を整理し，人をたくさん集めることを要請
されました。梅山さんは終始「ダム反対ではない，利水事業に反対だ」
とし日本海海戦の東郷平八郎が掲げた「Z」旗を掲げて裁判闘争に臨ん
だことは周知のことです。この利水裁判闘争の勝利がダム建設阻止に大
きな力となったことも周知のことです。板井優さんの厳しい要求に応え
て利水裁判に取り組んだ相良村の原告団長の梅山究さんを先頭に倉田茂
さんや多良木の船越〔作正〕さんをはじめ多くの農家の方々が昼夜を問
わず印鑑もらいやビラ入れ等に駆け回ったことは驚きでした。もちろん
「手渡す会」などからもたくさんの応援者がありました。

水俣病問題の早期解決を各市町村議会で決議するように要請運動を行っていた板井優弁護士が私の医院を訪ねてこられたことがありました。そのときがっしりした体格の押しの強い方だという印象がありました。診察室に相良村の堀川金泰村会議員が案内してきました。板井さんは水俣病被害者救済のために不知火患者会の訴訟にも中心的に取り組まれていて，その後，ダム反対集会にも不知火患者会のメンバーが何度も参加してくださいました。

　利水裁判は 2003 年 5 月に原告の勝訴が確定し，画期的な裁判として評価されています。現在では，多良木町の船越さんをはじめ活動を担っていた多くの農民が鬼籍に入られました。原告団に現在残っているのは相良村の原告団長を梅山さんから引き継いだ茂吉隆典さんのほか，古川十一さん，宮崎〔富生〕さんなど数人となっています。

　川辺川ダムが中止になったのは相良村長矢上氏や徳田氏，人吉市長田中信孝氏らの表明があり，2009（平成 21）年 9 月，前原誠司国土交通大臣が川辺川ダム中止を表明したことにより，中止が決定されました。

●昭和 40 年 7・3 水害の原因は市房ダム（「会報かわうそ」2003 年 8 月）

　1955（昭和 40）年 7 月 3 日の球磨川大水害の犠牲者追善法要が 7 月 3 日，人吉市矢黒町亀ケ淵であり，水害で犠牲になった塚本チヲさん（当時 59 歳）の霊を慰めました。

　法要を主催した，水害体験者の会の堀尾芳人会長は，「犠牲者が出たのは市房ダムの緊急放流が原因。塚本さんの死を無駄にしないためにも，川辺川ダムは造らせてはならない」と挨拶。塚本さんの孫の前田郁子さんが「市房ダムの放流がなければ祖母は犠牲にならずに済んだ。二度とあんな放流はしないでほしい」と訴えました。水害体験者の会は，「国交省は球磨川の大雨での死者を 54 人として川辺川ダム建設の理由としているが，そのほとんどは山崩れなどによるもの。ダムは放流により水害を大きくする」と主張し，川辺川ダム建設に反対しています。

終章　手渡す会の 30 年　249

●潮谷義子熊本県知事，「川辺川ダム討論集会」を開催（「会報かわうそ」
2002 年 2 月）

　住民討論集会はこれまでに，9 回開催されました。

　第 1 回（2001.12.9），第 2 回（2002.2.24），第 3 回（2002.6.22-23），第 4 回
（2002.9.15），第 5 回（2002.12.21），第 6 回（2003.2.16），第 7 回（2003.5.24），
第 8 回（2003.7.13），第 9 回（2003.12.14）です

　鎌倉〔孝幸〕氏（熊本県理事）を討論集会のコーディネーターとして
川辺川ダム討論集会が開催されました。

　民間の専門家グループ「川辺川研究会」による治水代替案の発表，漁
協のダム補償案否決，そして国土交通省が裁決申請の動きを見せる中，
熊本県は 12 月 9 日，相良村で「川辺川ダム住民大集会」を開催しまし
た。国営事業に対し，県がこのような集会を開催するのは極めて異例の
ことです。

　会場の相良村体育館は 3000 人の超満員となりました。潮谷知事は冒
頭の挨拶で，治水代替案について「八代流域に限れば国土交通省も（代
替案による治水が）ありうると説明している。大きな驚きでした。集会は
ガス抜きでも帳面消しでもありません」と力強く表明しました。

　これまでの『ダム説明会』などでは，多くの住民の疑問に対して国交省
はつじつまの合わない回答で逃げていたのが，この日は攻守が逆転し，国
交省が住民側の治水代替案の否定に必死となっていたのが印象的でした。

　川辺川研究会の代替案は，現在国土交通省が公開しているごく一部の
データを基に検証して出された治水代替案です。国土交通省が全ての
データを公開すれば，川辺川ダムによる治水は完全に否定できる，第一
級の報告書です。

　佐東ちよきさんをはじめ熱心に活動された女性たちの姿も記憶に残ってい
ます。利水裁判の支援で対象農家を回っていたひとりの佐東さんは，意見も
しっかりと主張されていました。

　いつもおいしい料理や漬物，おやつなどを会合に持参してくださった大島

津喜さんも心の温かいおばちゃんでした。あのおいしさとともに笑顔が忘れられません。

　少し順不同になりましたが，主として鬼籍に入られた方々を中心に「手渡す会」の歩みを振り返りました。

　「球磨川宣言」（2021 年 5 月）にあるように，「私たちはここで被災したが，これからも球磨川と共に生き続ける」。「住民参加に基づく意思決定の上で，自然豊かな川を実現するまちづくりや人間社会のあり方を求め」，「手渡す会」の歩みは世代をつなぎさらに続いていきます。

※「会報かわうそ」バックナンバーは以下にて閲覧可能
　http://tewatasukai.blogspot.com/

終章　手渡す会の 30 年　　251

■あとがきにかえて
―住民運動を通してみえてきた川辺川ダム問題の本質

1　川辺川ダム計画の変遷からみえてくる川辺川ダム建設の矛盾

　昭和の河川法の下で計画された川辺川ダムは収用委員会で白紙撤回された。これに対し，国交省はただちに改定された平成の河川法に切り替えて球磨川水系河川整備基本方針を策定した。この基本方針には川辺川ダムをつくるために必要な基本高水という洪水の流量が明記された。ダムから利水という目的が消えてしまったのに白紙撤回された多目的ダムと同等の大きさを堅持する基本高水であった。

　ところが，ここですんなりとダム建設計画を進めていくことができない事態になった。改定された河川法では河川整備計画に取りかかるにあたり，関係首長や知事の意見をきかなければならないことになっている。これを利用して相良村村長と人吉市長と知事が立て続けにダム建設中止を求める声明を出した。具体的にダムを計画する河川整備計画は宙に浮き，ダムによらない治水を極限まで検討すること表看板に掲げた「ダムによらない治水を検討する場」に舞台を移した。

　この"検討する場"は何をしたのか。ダム計画は水害が発生した翌年には計画されたのに，ダムによらない治水に関しては 10 年間何もしなかった。「極限まで追求」を盾に，やっているふりをしながら何もしないことが国・県の作戦であったようだ。

　2020 年 7 月 4 日に球磨川流域豪雨災害が発生すると翌日から川辺川ダムがあれば災害は防止できたと大宣伝を展開し，翌年には気候変動に伴う基本方針の見直しを掲げて川辺川ダム建設を再スタートさせ，その翌年 2022 年には多目的ダムを治水専用のダムに変えた河川整備計画を策定してしまった。国交省は再び災害を利用して川辺川ダムにしがみついた。これほどまでに国交省をとりこにしてしまう川辺川ダムとは一体どんなダムなのだろうか。

球磨川流域におけるダム問題の歴史は長い。始まりは，1950 年に熊本県が球磨川総合開発を発表した時である。この時点で計画された九つのダムすべてが発電用のダムであった。実際に実現したのは下流域に荒瀬ダム，中流域に瀬戸石ダム，上流域に市房ダムであった。このうち，市房ダムは建設途中で特定多目的ダム法が制定され，球磨川は一級河川に格上げされ，治水・発電・農業用水の多目的ダムとして完成した。

　川辺川ダム建設に反対する住民運動が上流域から下流域までの流域住民の参加で展開されたことと球磨川に持ち込まれた三つのダムとは深い関係がある。ダムによる川の形態と生態の破壊が上流でも中流でも下流でも起きたからである。

　この三つのダムが建設された時期，ダム建設に最適な地形をしている川辺川であるのに，川辺川ダムの名前はまだ出てこない。川辺川ダムには少し複雑な事情があるからだ。Ｖ字谷渓谷を誇る川辺川に発電用のダム建設を任せられたのは電源開発株式会社という企業であった。

　電源開発は 2 億円ものお金をつぎ込んで調査し，大きなダムの計画を立てた。場所は相良村の藤田であった。ダムの名前は相良ダムとよばれていた。この時，この相良ダムで水没させられる五木村の住民は強く反発をしていた。

　こうした状況のもと，突然，電源開発はこの相良ダムを放棄してしまった。石油による火力発電が開発されたので電源開発はさっさと火力発電に切り替えたのだ。相良ダムが頓挫した丁度その頃，相良村の高原台地に開拓団として入植した人たちが水を強く求めていた。村は農業用水のためのダム建設を県に求めるようになった。

　予算のない県は国にダム建設を要望した。多目的ダム建設を推し進めていた建設省はすぐに受け入れたが，多額の予算確保と流域住民のダムへの関心を高めるために "大きな災害の発生" を待った。1965 年，大水害が人吉市で発生した。翌年には河川工事実施基本方針が策定され，相良ダムは川辺川ダムに名前を変え，多目的ダムとして登場した。ここですでに流域住民の要望とは大きくずれたダムが計画されたのだ。

あとがきにかえて　　253

図　1966（昭和41）年に策定された川辺川ダム基本計画

　この多目的ダムは基本高水治水を基に計画されることになっている。1965年頃はいまと異なっていて，一級河川では河川の重要度に応じて150年に1度，100年に1度，80年に1度という3ランクが設定されていた。川辺川ダム計画の規模の大きさは一番低い80年に一度であった。ところが，ダムの大きさは多目的ダムでは九州でダントツ大きなダムとして計画されている。ダムの大きさは計画の規模とは無関係にV字谷渓谷という地形が決めたことになる。この矛盾はすぐに表面化した。この矛盾が重くのしかかってきたのはダムの水を必要としない農家であった。

　大きなダムであることによって農業用水として利用する農家もそれに見合うだけの数が必要となる。この数値合わせに利用されたのが川辺川ダムの水を一切必要としない球磨川本流の流域にある多良木町の農家であった。ダムの水はただであるという大うそで農家の人たちに同意書を書かせたのだ。川辺川ダムは何のために計画されたものであるかを象徴するできごとであった。

　ただただ大きな多目的ダムを造ることだけを目的として計画された川辺川ダムは治水の面でも矛盾をさらけ出した。川辺川ダムは球磨川水系の流域において川辺川流域が一番の豪雨地帯であり，本流より大きな洪水が発生する

ことを前提に計画されたのだ。

　しかし，これも川辺川ダム建設が必要とする数値に合わせた雨量であり，そうした洪水にすぎなかったことは1982年に実証された。

　川辺川ダム建設は，1965年に発生した人吉大水害を引き起こした大洪水は川辺川から流れ込んできたということを理由にしていた。ところが，実際は球磨川に施工した治水対策そのものに原因があったのだ。市房ダム建設とセットで球磨盆地を流れる球磨川には連続堤防を築き，川幅の拡張等の施工も実施したのに人吉を流れる球磨川の川幅は現在の半分ほどしかないところはそのままの状態にしていた。いままで球磨盆地のなかで氾濫していた洪水は一気に人吉市を流れる球磨川に流れ込み，大水害を引き起こしたのだ。川辺川から大きな洪水はきていなかったのだ。

　これを実証したのが人吉市を流れる球磨川の拡幅工事であった。矢黒町の亀が淵集落は球磨川の河川敷のなかにあった。この部分を掘削し，現在の川幅に変えた。その直後の1982年には1865年の時より多くの雨が降り，大きな洪水が発生したが人吉市には大水害は発生しなかった。

　さらにこの問題をより具体的に実証したのは2012年に発生した九州初の温暖化による九州北部豪雨であった。最も激甚な豪雨災害は熊本県阿蘇外輪山から流れ出す白川水系であったが，球磨川流域にもそれなりの豪雨災害が発生した。

　この時は，いままで設置されていなかった球磨村や山江村にも雨量計が設置され，全域の雨の降り方が見えるようになった。温暖化による局所集中豪雨地帯は球磨村を中心とする山地であり，川辺川流域は一番降っていないことが明白になった。

　しかし，この球磨川流域における雨の降り方の特徴を国交省は無視しつづけている。2019年に水防法に基づいて球磨川水系球磨川洪水浸水想定図を発表したがこの時の雨の降り方も中流域の山地より川辺川上流域の山地のほうが多くの雨が降ることを前提として洪水を発生させている。これは球磨川流域の雨の降り方を無視したものであり，川辺川ダム建設を正当化するための数値でしかない。このことをより鮮明にしたのが2020年の温暖化による

あとがきにかえて　　255

球磨川流域に降った豪雨であった。

　この豪雨災害は，川辺川ダムを柱とする基本高水治水ではまったく対応することはできないものだということを明確に実証した。

2　県や国との話し合いのなかで鮮明になった川辺川ダム建設に関する根本的問題

1　県や国は事実よりダムに好都合な事象を捏造する

　2001 年から 2003 年にかけて開催された住民と国による計 9 回の討論集会のなかで行われた基本高水論争をきっかけに私たちも治水工学の理論に強い関心をもつようになった。このなかで，とくに私たちが注目したのは論争に登場する数値が客観的事実に基づくものではなくダム開発に都合のよい数値で討論が行われていることであった。

　治水の世界では，実証性のない数値やシミュレーションで物事を決めており，これをもって科学であるとする風潮が強く，実際に発生している現象に関する事実を無視したまま，開発事業を推し進めている。討論集会を通じて，このことに私たちは気づかされた。

　2020 年に発生した球磨川豪雨災害においても，豪雨災害が発生すると同時に治水の取り組みだけの独走態勢がつくられた。国交省は市町村長を集め，令和 2 年 7 月球磨川豪雨検証委員会という名称の会議を 2 回開催したが豪雨災害の検証ではなく川辺川ダムありきの検証を行っただけであった。球磨川水系学識懇談会も球磨川流域でどのような豪雨災害が発生したのかに関しては無知とおぼしき非専門家を集めて川辺川ダム建設にお墨付きを与えた。

　人吉市街地では球磨川がまだ氾濫しない時刻に支流の山田川や万江川の氾濫で多くの命が奪われた。この問題を考えるうえで最も重要なことは，人吉市街地の氾濫域は球磨川のものではなく，山田川や万江川の氾濫域であるということだ。1944 年にこの問題と深くかかわる災害が発生している。球磨川には大きな洪水も発生していないのに，山田川と万江川だけに激甚な災害が発生しているのだ。

256

現在，県や国は，実際に起きた山田川や万江川の氾濫の事実を無視して，山田川や万江川の氾濫はバックウォーター現象で氾濫したので川辺川ダムがあれば氾濫しないと発言し続けている。山田川はどのように氾濫したかの写真を目の前に提示された地元の国交省の職員は「熊本県がバックウォーターで氾濫したと言ったから」と答え，国会に出席した本庁の職員は示された写真は無視し，もっぱらバックウォーター説を解説するだけであった。人の命より，ダム建設を重視する国交省の姿勢がうかがえる。

2　川辺川ダム建設のためには発生した豪雨災害の事実を抹消する

2020 年球磨川豪雨災害に関する事実を解明していく手渡す会の取り組みはいまも続いている。災害はいくつもの要因が重なり，偶然性がともなって発生しており，単純な物理法則で解明できるものではない。

国交省は川辺川ダムがあれば人吉の浸水の 6 割はカットできたと災害発生直後から宣伝していた。これは，当時の川辺川には特別に大きな洪水が発生していたことを前提した話である。私たちは，当日，川辺川の水位計が設置されている柳瀬地点に出かけている。この地点の直下にある球磨川との合流点で起きていた大氾濫を引き起こすような大洪水は発生していなかった。11 時頃であったが，そのまま球磨川本流の洪水の様子も見に行った。こちらも大きな洪水は発生していなかった。

川辺川や球磨盆地を流れる球磨川の洪水の様子を見に出かける前は市街地が一望できる球磨川に架けられている曙橋の上にいた。午前 9 時過ぎ，いままで一度も見たことのない猛烈な大洪水が市街地に流れ込む様子を見ていた。9 時 11 分には家を突き破り，家具を一気に押し流す写真もある。

球磨川の洪水が最初に流れ込む位置にある市街地の住民たちは 7 時過ぎに流れ込んできた洪水で避難した。この洪水が引いていったので家に帰りはじめたら 9 時過ぎに大きな洪水がどーっと流れ込んできたと話している。

当然，合流点での大氾濫はなぜ起きたのかの解明に取りかかることになる。集落を歩き，聞き込み調査と氾濫したエリアを歩き痕跡調査の記録を整理していった。集落の人たちは避難した高台から自分の家や田畑がどうなるかを逐次観察していたので合流点で何が起きたかを具体的に解明することが

あとがきにかえて　257

できた。

人吉市街地に9時過ぎに一気に流れ込んできた大洪水は球磨盆地を流れる球磨川からでも川辺川からでもなく，合流点でつくりだされたものであったのだ。この事実を正面から否定しているのが国交省である。国交省は川辺川上流に設置する日本一大きな治水ダムをつくるための大雨を降らせ，洪水を発生させなければならない「使命」を負わされている。事実などにかまってはおれない。国交大臣は国会の場で川辺川ダムがなければ120人が溺死するという犯罪行為的つくり話までして川辺川ダム建設を擁護している。

国交省は9時過ぎに市街地に大洪水が流れ込んできてない理由として唯一取り上げているのが市街地に架かる大橋に設置されている危機管理型水位計が測定したとする水位である。

ところが，この大橋は9時過ぎ上流から流れ込んできた大洪水で水没し，多量の流木が橋の上に流れ込み欄干も破壊し，橋の上には大木が横たわっていた。一方，国交省は大橋の上はしぶき水が流れただけであり，測定できていたと主張している。

国交省の「川の防災情報」には危機管理型水位計を扱っている業者の注意事項も記載されている。そこには「当該サービスは観測地の即時性を重視するため，異常値が発生した場合でもそのまま表示されます」と記している。

国交省は大橋で起きていた事実を知りながら，橋の上はしぶき水が流れただけという大うそで大橋の測定値を正当化している。

3 死者まで捏造する死者数推定の手引きは非科学そのもの

先ほど述べた国交大臣の川辺川ダムがなければ120人が溺死するという発言にかかわって，国交省は国会の場で手引きに基づいて推定したと述べているが，この手引きの基はアメリカでつくられたライフ・シム・モデルにあるようだ。このモデルは2005年に発生したハリケーン・カトリーナでニューオリンズ市の市民が1330人亡くなったことにかかわってつくられたものだ。ニューオリンズの市街地は70％が海面下にあり，堤防で囲まれた町である。この市街地にカトリーナがもたらした海水が一気に流れ込んできてニューオリンズ市（ルイジアナ州）の80％が水没した。この時，1330人の

死者が出た。多くは老人と体の弱い方たちであった。この要因を家のつくりと氾濫水の深さの関係でとらえてみようとしたのがライフ・シム・モデルであった。

　私たちは市街地で亡くなられた方全員の要因を個別に調査した。どこで・何時に・どのような氾濫水で・どのような状態のなかで亡くなられたのかを記録した。氾濫水の動きは実に微地形を反映して複雑であり，急激な増水と激しい流れが至る所で発生することは今回の豪雨災害を通して初めて学ぶことである。命を守る一番大切な知識を持ち合わせていなかったのだ。

　しかし，国や県は単純に亡くなられた方全員を溺死のひと言で処理し，ライフ・シム・モデルもどきの手引きで多くの流域住民を溺死させている。2020年に降った雨より少ない雨量で2020年の豪雨災害で亡くなられた人数より多くの死者を出して川辺川ダム建設を正当化しようとしているだけであり，科学とはまったく無縁の数値操作にすぎない。

3　共同検証の重要性―共同検証のなかでみせた国交省の不正行為

　住民と国による討論集会のなかで森林問題が大きな論点の一つになった。こうした流れから「森林の保水力に関する共同検証」が計画された。この共同検証に住民として主体的に参加するため，私たちは次に述べる二つのことを始めた。

　一つは森林の保守力に関する論文をできる限り多くの読むことであった。そしてもう一つが大雨の降る時に森に出かけ，保水力の視点で森のなかを歩くことであった。森のなかで何が起きているかを具体的に知ることであった。森を歩くなかで，学術論文を批判的に読むことができるようになり，森の保水力にとって何が重要な課題であるかを考えることができるようになってきた。

　私たちが森林の保水力ではなく，森林を育む山地の保全こそ重要であるという提案を準備している時，国交省の不正行為が発覚した。モヤシ林と呼ばれるスギ・ヒノキの人工林の浸透能をめぐり国の考えと住民の考えが大きく違っていたために大掛かりな装置を持ち込んで測定することになった。わざ

あとがきにかえて　259

わざ，大掛かりな装置を持ち込んで測定しなくても現場に行けば一目瞭然なほど，国側の主張には無理があった。このため，装置に仕掛けをして国側に有利な数値が出るようにしたのだ。

　この不正が発覚すると，国交省は一方的に共同検証を中断し，国交省の主張通りの結果が出たと宣伝していた。

　この森林の保水力に関する共同検証を行っている間にもう一つの不正問題も発生した。私たちは共同検証をきっかけにしばしば川辺川流域の山地調査に出かけるようになったが，この時，いつも通るトンネルの一つがやたら暗くしてあり，不思議に思い徒歩で歩いて見た。壁が崩れ，大変なことが起きていた。ただ，応急処置がしてあるので車で走ると気づきにくい。

　壁を見ると，チョークで亀裂がはいった所に発見した日付が書き込まれていた。私たちは何処にどのような亀裂が入り，どこがどのように崩れているかを調査し，国交省へ意見書を提出した。驚いたことに，国交省は壁に記入してあった日付を消してしまい，住民説明会を開いた。すでに地殻変動は止まっており，何の心配もないと説明した。

　その後，このトンネル内の亀裂はどんどん進行し，トンネル崩壊の危機に直面した。トンネルは造り直された。ここで注目をしなければならない問題がある。トンネルを掘る時，コンサルト会社に地質調査を依頼しており，最初に依頼された会社も2回目に依頼された会社もここにトンネルを掘ることは不適切と答えていたことである。そして3回目に依頼した会社にはゴーサインを出させトンネルづくりを強行した。川辺川ダム関連工事も不正のなかで進められているのだ。

　国交省の，ダム建設のためにはなりふり構わず不正をする行為は歴史的に存在している。日本は官僚天国といわれ続けている事例の一つである。私たちの国交省や県河川課とのやりとりの主要な問題は残念ながらすべてこの不正問題である。都合の悪い事実は無視，都合のよい事象の捏造問題がすべてである。

　私たちがいま一番強く要求していることは，共同検証である。話し合いの大前提となる豪雨災害に関する事実の共有である。県も国もこの共同検証を

拒否し続けている。国交省は国会の場においても捏造した事象を繰り返し答弁しているだけである。

4　川辺川ダムの根源にある河川法—公共事業と対峙する手渡す会

　日本の河川法は治水・利水・環境といずれも人間の都合を一方的に川に押し付ける法律であり，この河川法のもとで球磨川はコンクリート張りの用水路に変えられ続けている。

　川が高水を貯めるダムと高水を流す用水路に変貌させられていくなか，災害は年々激甚化の一途をたどっている。事実を知れば子どもたちでも，災害と治水のイタチごっこに気づくほど顕著な現象になってきている。このイタチごっこを歓迎しているのが公共事業である。

　公共事業といえば，1994 年には与野党共同で公共事業チェック機構を実現する議員の会が結成された。会長は自由民主党の議員であった。さらに，1996 年には経済界も公共事業に反対の声を上げるようになり，公共事業見直しの元年ともいわれた。でも，これは長続きすることもなく消え，公共事業はますます膨れ上がっていった。

　一度は消えかかっていた川辺川ダム計画も 2020 年の豪雨災害を根拠によみがえらせた。しかしこのダムができても，2020 年に発生したような激甚な豪雨災害を防ぐことはできない。国や県はダム建設を強行し，ダム治水の効果を前提にした復興を創造的復興と名付けて住民の要望は無視して推し進めている。これは，次の災害を呼び込むための復興でしかなく，公共事業に"有難い"対策でしかない。

　2000 年には野党による公共事業チェック議員の会が結成され，全国で展開されていたダム反対運動に大きな役割を果たしてくれた。しかし，ダム建設が強行され，全国からダム反対運動が消えていくなか，公共事業チェック議員の会も休業同様の存在になっていった。

　しかし，温暖化による豪雨災害は激甚化の一途をたどっている。緊急放流の事態に陥るダムは増え続けている。国はダムの再開発を重要な課題にしている。ダムの再開発はコンクリートづけの用水路化も同時に進めることにな

あとがきにかえて　　261

る。この具体的事例は川内川の鶴田ダムの再開発でみることができる。ダム再開発と公共事業の問題はこれから重大な課題になってくる。この課題と川辺川ダム問題は同じ土俵のなかにある。この意味においても川辺川ダムを公共事業の立場から検証しなければならない。

　手渡す会は，2023年の1月に再出発した国会議員による「公共事業チェックとグリーンインフラを進める会」と連携し，公共事業としての川辺川問題に対する取り組みも始めている。

おわりに一言

　川辺川ダム問題に対する私たちの取り組みはこれからが本番だと思っています。私たちは，住民一人ひとりにそれぞれの流域における温暖化による豪雨災害の起き方やダムありきの治水対策が災害を激化させているという事実に関心をもち，豪雨災害から暮らしと命を守るためにそれぞれの流域において何が一番大切な対策なのか主体的に判断し，意見を述べることできる社会であってほしいと思っています。これは私たちの住民運動の根幹にあります。本書の刊行にはこうした願いが込められています。

　最後になりましたが本書の出版を引き受けていただいたすいれん舎社長の高橋雅人氏，編集担当の末松篤子氏にはお世話になりました。心より感謝申し上げます。

手渡す会顧問　黒田　弘行

球磨川宣言
―私は被災してもなお川と共に生きる―

1. 球磨川は大地を形成し生態系を育む流域社会の宝であり，流域住民の暮らしはその恩恵の中にある。宝のまま将来世代に手渡すことが，いまを生きる私たちの責務である。

2. 自然豊かな球磨川は，長らく流域の暮らしを成り立たせてきた。川の豊かさは流域の山林の健やかさによって育まれてきたことから，私たちは山の健全性を求める。

3. 生態系の重要な構成要素である川は，流れ溢れる存在である。恵みを享受し減災しうる川との付き合い方を知るには，長く流域に住み続けてきた流域住民の知恵に学ぶ必要がある。

4. 日本は洪水を敵視し川の中に押し込めて早く流す基本高水治水政策をとってきた。それを現実化させる技術が連続堤防とダムだ。しかしこれらは川と流域社会を破壊する技術でもあることを，球磨川豪雨災害はこの上なく示した。

5. 基本高水治水は温暖化に伴う集中豪雨に機能不全であるばかりでなく，災害の激化に帰結した。ダムや水路や樋門は，緊急放流や急激な水位上昇，激甚な流れを促し，生命を脅かした。

6. 狭窄部や街中の支流や樋門付近の土石や流木の混じる濁流は，激甚な洪水を発生させた。生命を守る上で最も留意すべきは洪水のピーク流量ではなく，早い段階で生命が危機に晒される洪水が発生することだと，球磨川流域で私たちは確認した。

7. 温暖化に伴う集中豪雨は，山河を破壊し膨大な土石と流木を伴って，著しい破壊力を持つ洪水を流域のほぼ全支流で発生させた。そして流域各地で甚大な災害を発生させている。

8. いま国が進める流域治水の内実は私たちの考えとは異なる。私たちが求めるのは，川を育む森林と山地の保全，多様な主体を含む住民参加が担保された流域全体の豪雨対策であり，これを実現させる法の整備である。

9. 流域住民は長い歴史の中で，球磨川と共に生きる知恵を築き上げてきた。私たちは流域のこうした文化を，球磨川の豊かさと共に私たちの孫子に伝えていく。

10. 私たちはここで被災したが，これからも球磨川と共に生き続ける。川を壊す技術ではなく，土地の成り立ちを踏まえ，省庁の縦割りに疑問を呈し，住民参加に基づく意思決定の上で，自然豊かな川を実現するまちづくりや人間社会のあり方を求め続けることをここに宣言する。

(2021 年 5 月 31 日)

編者

清流球磨川・川辺川を未来に手渡す流域郡市民の会（手渡す会）

　流域の豊かな生態系を育む清流球磨川・川辺川を子孫に手渡すことを目的に，1993年に発足され流域住民により設立された市民グループ。

　川辺川ダム建設の反対運動を展開し，学習活動や市民調査を実施。2008年川辺川ダム計画の白紙撤回後も活動を続け，ダムや連続堤防に川と洪水を押し込める基本高水治水が川を破壊し水害を激化させていることを実感する。

　2020年7月にはメンバーの多くが被災したが，直後から豪雨災害の実態解明を深める調査に取り組み，現在も継続中。毎週月曜夜に例会を行い，県内外の市民グループや専門家と連携しながら，豪雨災害の実態をふまえていない流水型ダム建設を含む河川整備計画や復興まちづくりに対する問題提起と情報発信を続けている。

〒868-0037　熊本県人吉市南泉田町25
　　　　　　くま川ハウス（手渡す会事務所）

e-Mail：kumagawahouse@gmail.com

https://tewatasukai.com/

https://www.facebook.com/tewatasukai

球磨川流域豪雨災害とダム問題
川と共に生きる住民の願いを実現させるために

2025年1月17日第1刷発行

編　者　　清流球磨川・川辺川を未来に手渡す
　　　　　流域郡市民の会
発行者　　高橋雅人
発行所　　株式会社　すいれん舎
　　　　　〒101-0052
　　　　　東京都千代田区神田小川町3-14　第二万水ビル5B
　　　　　電話03-5259-6060　FAX03-5259-6070
　　　　　e-mail：masato@suirensha.jp
印刷・製本　藤原印刷株式会社
装　丁　　篠塚明夫

©2025 Association of Citizens of Watershed Counties to Hand over the Kuma and Kawabe Rivers to the Future Generations
ISBN978-4-86369-720-1